建筑工程数字建造经典工艺指南
【地基、基础、主体结构】

《建筑工程数字建造经典工艺指南》编委会　主编

中国建筑工业出版社

图书在版编目（CIP）数据

建筑工程数字建造经典工艺指南. 地基、基础、主体
结构 /《建筑工程数字建造经典工艺指南》编委会主编
. — 北京：中国建筑工业出版社，2023.2
ISBN 978-7-112-28238-8

Ⅰ. ①建… Ⅱ. ①建… Ⅲ. ①数字技术-应用-建筑
施工-指南 Ⅳ. ①TU7-39

中国版本图书馆 CIP 数据核字（2022）第 240336 号

本书由中国建筑业协会组织全国 70 余家大型企业、100 多位鲁班奖评审专家共同编写，对建筑工程（地基、基础、主体结构）中的地基与基础（包括土方开挖、土方回填、土钉墙等）、现浇混凝土结构（包括大体积混凝土、预应力结构等）、钢结构（包括单层、多层及高层钢结构、空间结构等）、装配式结构（包括预制叠合板、预制墙板）从质量要求、工艺流程、精品要点等全过程进行编写，并配以详细的工程现场图片，图文并茂，说明性强。本书对于建设高质量工程，建筑工程数字建造等有很高的参考价值，对于企业申报鲁班奖、国家优质工程等有重要的指导意义。

责任编辑：张 磊 万 李
责任校对：王 烨

建筑工程数字建造经典工艺指南
【地基、基础、主体结构】
《建筑工程数字建造经典工艺指南》编委会 主编
*
中国建筑工业出版社出版、发行（北京海淀三里河路 9 号）
各地新华书店、建筑书店经销
北京鸿文瀚海文化传媒有限公司制版
临西县阅读时光印刷有限公司印刷
*
开本：787 毫米×1092 毫米 1/16 印张：12½ 字数：307 千字
2023 年 3 月第一版 2023 年 3 月第一次印刷
定价：**88.00** 元
ISBN 978-7-112-28238-8
（40247）

本书指导委员会

主　任：齐　骥
副主任：吴慧娟　刘锦章　朱正举

本书主要编制人员

景　万	冯　跃	赵正嘉	贾安乐	张晋勋	陈　浩
杨健康	高秋利	安占法	刘洪亮	秦夏强	邢庆毅
杨　煜	张　静	邓文龙	钱增志	王爱勋	吴碧桥
薛　刚	蒋金生	刘明生	李　娟	刘爱玲	温　军
孙肖琦	李思琦	车群转	陈惠宇	贺广利	刘润林
尹振宗	张广志	刘　涛	张春福	罗　保	马荣全
熊晓明	张选兵	要明明	刘　宏	林建南	胡安春
孟庆礼	王　喆	王巧利	王建林	赵　才	邓　斌
颜钢文	李长勇	李　维	肖志宏	石　拓	田　来
胡　笳	胡宝明	廖科成	梅晓丽	彭志勇	王　毅
薄跃彬	陈道广	陈晓明	陈　笑	崔　洁	单立峰
胡延红	卢立香	唐永讯	苏冠男	董玉磊	邹杰宗
王　成	刘永奇	李　翔	张　驰	张贵铭	周　泉
孟　静	张　旭	包志钧	胡　骏	孙宇波	王振东
岳　锟	王竞千	薛永辉	周进兵	王文玮	付应兵
迟白冰	窦红鑫	富　华	赵　虎	李晓朋	王　清
李乐荔	赵得铭	王　鑫	杨　丹	罗　放	李　涛
隋伟旭	赵文龙	任淑梅	雷　周	刘耀东	张　悦
张彦克	洪志翔	李　超	周　超	周晓枫	许海岩
高晓华	李红喜	刘兴然	杨　超	李鹏慧	甄志禄
岳明华	龙俨然	胡湘龙	肖　薇	余　昊	蒋梓明
冯　淼	李文杰	柳长谊	王　雄	唐　军	谢　奎
刘建明	任　远	田文慧	李照祺	张成元	许圣洁
万颖昌	李俊慷	高　龙			

本书主要编制单位

中国建筑业协会
中建协兴国际工程咨询有限公司
湖南建设投资集团有限责任公司
北京建工集团有限责任公司

北京城建集团有限责任公司
中国建筑一局（集团）有限公司
中国建筑第三工程局有限公司
中国建筑第八工程局有限公司
中铁建工集团有限公司
中铁建设集团有限公司
陕西建工集团股份有限公司
上海建工集团股份有限公司
上海宝冶集团有限公司
中国二十冶集团有限公司
三一重工股份有限公司
云南省建设投资控股集团有限公司
武汉建工（集团）有限公司
广东省建筑工程集团有限公司
河北建设集团股份有限公司
河北建工集团有限责任公司
天津市建工集团（控股）有限公司
广西建工集团有限责任公司
山西建筑工程集团有限公司
江苏省华建建设股份有限公司
兴泰建设集团有限公司
中天建设集团有限公司
北京住总集团有限责任公司
中建一局集团安装工程有限公司
北京六建集团有限责任公司
北京市设备安装工程集团有限公司
南通安装集团股份有限公司
济南四建（集团）有限责任公司
山东天齐置业集团股份有限公司
成都建工集团有限公司
江西昌南建设集团有限公司
河南省土木建筑学会总工程师工作委员会
成都市土木建筑学会
中湘智能建造有限公司

前 言

　　建筑业作为国民经济支柱产业，在推动我国经济社会持续健康发展中发挥着重要作用。经过 30 多年的快速发展，我国建筑业的建设规模、技术装备水平、建造能力取得了长足的进步，一座座彰显时代特征的建筑物应运而生，在中华大地熠熠生辉、绽放光彩。但我国建筑业"大而不强、细而不专"的局面依然存在，主要表现在机械化程度不高，精细化、标准化、信息化、专业化、智能化、一体化程度偏低，能够推动行业有序发展的供应链、价值链体系尚未建立。

　　如何实现我国建筑业绿色低碳、高质量发展，从"建造大国"发展为"建造强国"，建筑业与信息技术的有机融合是推动建筑业可持续发展的重要驱动力。建筑业应以大数据为生产资料，以云计算、人工智能为第一生产力，以互联网、物联网、区块链为新型生产关系，以"软件定义"为新型生产方式，重构建筑业组织模式，将生产要素、管理流程、建造技术、决策机制、检测结果等数字化，基于数据形成算法，用算法优化决策机制，提升资源配置效率，成为建筑产业创新和转型的重要引擎。

　　为助力建筑企业数字化转型，提升全员的质量意识、管理水平、建造能力和工程品质，推动行业高质量发展，中国建筑业协会、中建协兴国际工程咨询有限公司组织行业多位知名专家会同湖南建工、北京建工、中铁建设、陕西建工、上海建工、北京城建、中建一局、中建三局、中建八局等 70 余家企业、100 余名专家共同编制了本套书。

　　本套书以现行的标准规范为纲，以"按部位、全专业、突出先进、彰显经典"为编写原则，系统收集、整理了行业先进企业在创建优质工程过程中的先进做法、典型经验，引领广大读者通过深化设计、数字模拟、方案优化、样板甄选、精细度量、物模联动等方式，逐步形成系统思维、全专业策划、全过程管控、实时校验和持续提升的创优机制。根据房屋建筑的专业特点和创建优质工程要点，本套书共分为六个分册：地基、基础、主体结构；屋面、外檐；室内装修、机电安装（地上部分）1；室内装修、机电安装（地上部分）2；室内装修、机电安装（地上部分）3；室内装修、机电安装（地下部分）。通过图文并茂的方式，系统描述各部位或关键节点的外观特性、细部做法和相应的标准规范规定（部分条文摘录时有提炼和编辑）；突出了深化设计、专业协同、质量问题预防措施和工艺做法，创建了 490 多个 BIM 模型创优标准化数据族库。

　　由于时间紧迫，本套书只收集了部分建筑企业的工艺案例，书中难免有一些不足之处，敬请广大读者提出宝贵意见，以便我们做进一步的修订和完善。

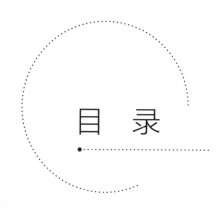

目 录

第一部分 地基与基础

第1章 地基与基础 ··· 2

  1.1 土方开挖 ··· 2

  1.2 土方回填 ··· 3

  1.3 土钉墙 ··· 4

  1.4 排桩冠梁 ··· 6

  1.5 排桩桩间支护 ··· 8

  1.6 锚杆 ··· 9

  1.7 地下连续墙 ·· 11

  1.8 水泥粉煤灰碎石桩复合地基 ·· 14

  1.9 水泥土搅拌桩复合地基 ·· 15

  1.10 桩基工程 ··· 17

  1.11 灌注桩桩头处理 ··· 22

  1.12 沉降观测 ··· 23

第二部分 主体结构

第2章 现浇混凝土结构 ··· 26

  2.1 整体描述 ·· 26

  2.2 规范要求 ·· 27

  2.3 管理规定 ·· 36

  2.4 深化设计 ·· 37

  2.5 基础底板 ·· 37

  2.6 剪力墙 ·· 45

2.7 柱 ··· 52

2.8 顶板、梁 ·· 57

2.9 楼梯 ··· 65

2.10 施工缝处理 ··· 69

2.11 后浇带处理 ··· 73

2.12 大体积混凝土 ·· 77

2.13 预应力结构 ··· 82

2.14 清水混凝土 ··· 86

第3章 钢结构 ··· 93

3.1 整体描述 ·· 93

3.2 规范要求 ·· 94

3.3 管理规定 ·· 100

3.4 深化设计 ·· 101

3.5 单层钢结构 ·· 104

3.6 多层及高层钢结构 ······································· 116

3.7 空间结构 ·· 125

3.8 索膜结构 ·· 134

3.9 钢-混凝土组合结构 ······································ 141

3.10 组合楼板 ··· 151

3.11 钢结构焊接 ··· 157

3.12 钢结构紧固件连接 ······································ 161

3.13 钢结构防腐 ··· 165

3.14 钢结构防火 ··· 168

第4章 装配式结构 ··· 171

4.1 预制叠合板 ·· 171

4.2 竖向构件钢筋预埋 ······································· 176

4.3 预制墙板 ·· 179

4.4 现浇暗柱 ·· 181

4.5 装配式预制墙体常温灌浆 ································· 184

4.6 预制楼梯 ·· 188

第一部分

地基与基础

第1章

地基与基础

1.1 土方开挖

1.1.1 质量要点

（1）开挖标高、长度、宽度、边坡均应符合设计要求。

（2）基底清洁无冻胀、无积水，并严禁扰动。

1.1.2 做法要点

（1）土方开挖前应详细查明施工区域内的地下、地上障碍物。对位于基坑内的管线和相距较近的地上、地下障碍物已按拆、改或加固方案处理完毕（图1.1-1）。

（2）基坑槽底位于地下水线以下时应提前降水、止水、隔水等，将水位降至开挖底面下500mm时方可进行土方施工。

（3）土方开挖的顺序、方法必须与设计工况相一致，并遵循"开槽支撑、先撑后挖、分层开挖、严禁超挖"的原则（图1.1-2）。

图1.1-1 测量放线

图1.1-2 分层开挖

（4）人工清槽挖至基底标高后，应及时进行检查验收，合格后立即进行下道工序。基底不得长期暴露，并不得受扰动或浸泡。

（5）集水坑、电梯井等局部加深部位的开挖应人工配合挖土，确保开挖边线、坡度、标高符合设计要求（图 1.1-3、图 1.1-4）。

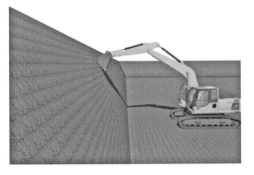

图 1.1-3　修坡　　　　　　　　　　　　　　图 1.1-4　清底

1.2　土方回填

1.2.1　质量要点

（1）回填所用土料的土质、粒径、含水量等应符合设计要求。

（2）回填前应进行隐蔽工程验收，验收合格后方可进行回填施工。

（3）房心回填，应在完成相应部位管道安装，并对管沟间加固后进行。

1.2.2　做法要点

（1）基槽回填应相对两侧或四周均匀进行，对单侧回填时要验算土压力对结构的影响。

（2）根据夯实方式合理选择分层虚铺厚度，每层回填土均应按规范规定检测其回填夯实后密实度，达到要求后，方可进行上一层的回填。

（3）深浅基坑相连时，应先填深坑，填平后再统一分层填夯。分段填筑时交接处应做成 1:2 的阶梯形，且分层交接处应错开，上下错缝距离不应小于 1m，碾压重叠宽度应为 0.5~1m（图 1.2-1~图 1.2-6）。

图 1.2-1　基底清理　　　　　　　　　　　　图 1.2-2　检验土质

图 1.2-3 分层铺填

图 1.2-4 分层碾压

图 1.2-5 检验密实度

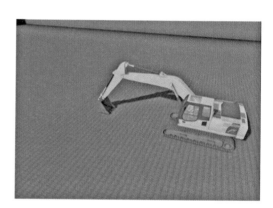

图 1.2-6 修整找平验收

1.3 土钉墙

1.3.1 质量要点

（1）土钉墙放坡系数应符合设计要求，坡面平整，上下口应顺直。

（2）土钉杆体长度，土钉位置，土钉孔直径、深度及角度应符合设计及规范要求。

（3）应每隔 3m 设置对中支架，对中支架宜环向均匀布置。

（4）钢筋、水泥、预拌喷射混凝土等原材料应按规范要求进行检验。

（5）土钉应按设计和规范要求进行抗拔承载力检验。

1.3.2 做法要点

（1）边坡修整前应在边坡上口、下口及坡中位置各设置一道定位线，人工修整，一次成型（图 1.3-1～图 1.3-3）。

（2）土钉杆体安装利用对中支架进行对中，杆体水平段与水平压筋焊接（图 1.3-4）。

（3）注浆管应插至孔底，由孔底注浆，在第一次注浆浆液初凝前进行二次补浆，确保孔体浆液饱满（图 1.3-5、图 1.3-6）。

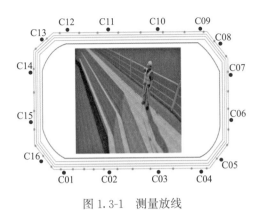

图 1.3-1 测量放线

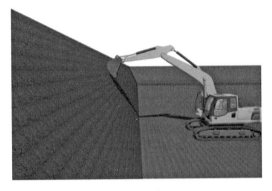

图 1.3-2 修坡

图 1.3-3 成孔

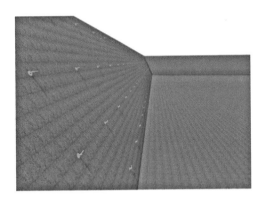

图 1.3-4 安设土钉杆体

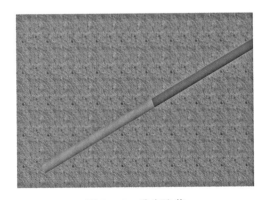

图 1.3-5 孔底注浆

图 1.3-6 面层钢筋安装

（4）第一步土钉墙喷射混凝土时，应在上口支设吊模，模板应平顺（图 1.3-7）。

（5）面层混凝土喷射前应设置定位筋，并及时检查喷射混凝土厚度（图 1.3-8）。

1.3.3 实例或示意图

见图 1.3-9。

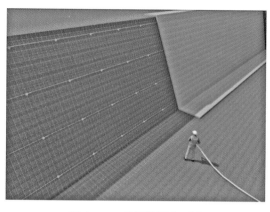

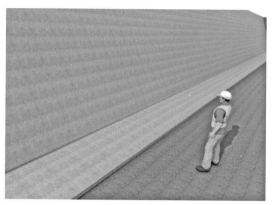

图 1.3-7　喷射混凝土面层　　　　　　　　图 1.3-8　检查验收

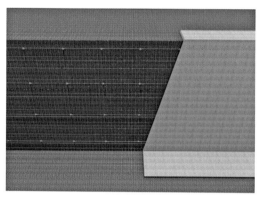

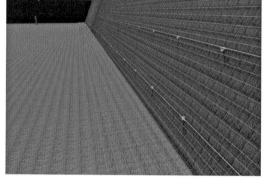

图 1.3-9　土钉墙示意图

1.4　排桩冠梁

1.4.1　质量要求

（1）施工中应对钢筋、模板、混凝土、轴线等进行检验。

（2）对有预应力锚杆的冠梁应做好锚杆杆体保护，套管位置准确；混凝土强度达到设计要求后再进行锚杆张拉。

1.4.2　做法要点

（1）桩头剔凿前先在桩顶标高处进行环切，切入深度不大于钢筋保护层厚度。

（2）桩顶应修整平齐，并用高压风枪将桩头清理干净（图 1.4-1～图 1.4-10）。

1.4.3　实例或示意图

见图 1.4-11。

图 1.4-1　开挖桩顶土方

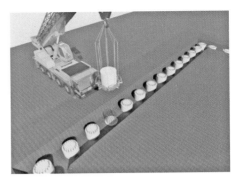

图 1.4-2　桩头剔凿

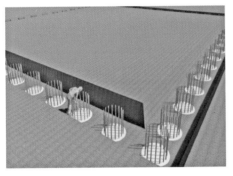

图 1.4-3　桩顶修整

图 1.4-4　锚固钢筋调直

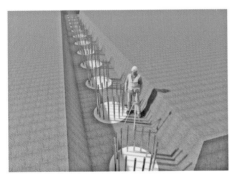

图 1.4-5　测量放线

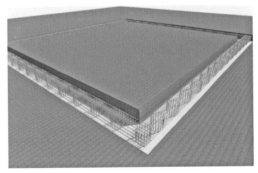

图 1.4-6　冠梁钢筋安装

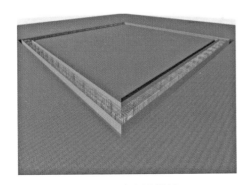

图 1.4-7　支设模板

图 1.4-8　混凝土浇筑

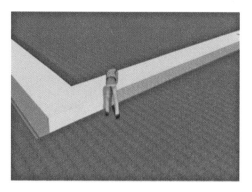

图 1.4-9 拆除模板

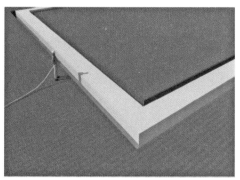

图 1.4-10 混凝土养护

图 1.4-11 排桩冠梁实例

1.5 排桩桩间支护

1.5.1 质量要求

（1）水平压筋植入护坡桩深度应符合设计和规范要求，两水平筋采用搭接焊连接，焊缝长度应满足规范要求。

（2）竖向连接筋应锚入冠梁，锚固长度应符合设计和规范要求。

1.5.2 做法要点

（1）桩间土修整不宜过深，以三分之一桩径为宜，上下顺直、平整（图 1.5-1、图 1.5-2）。

（2）水平压筋两侧植筋孔应平齐，植筋孔内应灌满植筋胶（图 1.5-3～图 1.5-5）。

1.5.3 实例或示意图

见图 1.5-6。

图 1.5-1 桩间土修整

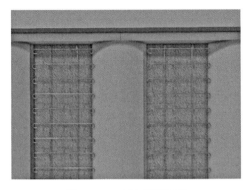

图 1.5-2　安装钢筋网片

图 1.5-3　安装竖向钢筋

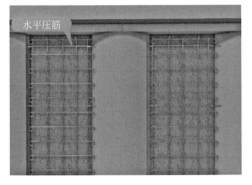

图 1.5-4　安装水平压筋

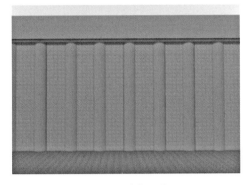

图 1.5-5　喷射混凝土

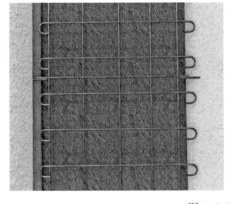

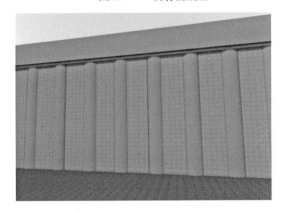

图 1.5-6　排桩桩间支护示意图

1.6　锚杆

1.6.1　质量要求

（1）锚杆施工前应对钢绞线、锚具、注浆材料等进行检验。

（2）锚杆施工中应对锚杆位置，钻孔直径、长度及角度，锚杆杆体长度，注浆配比、注浆压力及注浆量等进行检验。

（3）锚杆应进行抗拔承载力检验。

1.6.2 做法要点

（1）锚杆杆体制作时依据设计图纸确定钢绞线型号和数量，通过隔离架固定钢绞线和注浆管，并绑扎牢固。

（2）杆体自由段钢绞线外套塑料套管，并用镀锌钢丝绑扎，防止漏浆。

（3）根据设计图纸，先进行锚杆孔位定位，根据锚杆设计角度调整钻杆钻进角度（图1.6-1～图1.6-3）。

（4）注浆管出浆口应插入距孔底100～300mm处，浆液自下而上连续灌注，直至孔口溢出浆液（图1.6-4、图1.6-5）。

（5）承压板应安装平整、牢固，承压面应与锚孔轴线垂直（图1.6-6）。

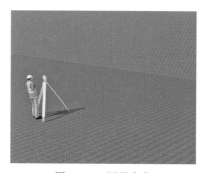

图1.6-1　测量定位

图1.6-2　钻机就位，调整方位角

图1.6-3　钻至设计深度

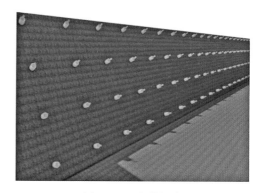

图1.6-4　安装锚索

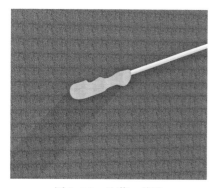

图1.6-5　注浆、养护

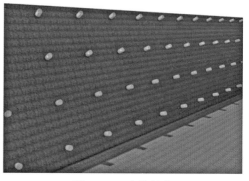

图1.6-6　张拉锁定

1.6.3 实例或示意图

见图 1.6-7。

图 1.6-7 锚杆实例

1.7 地下连续墙

1.7.1 质量要求

（1）导墙应筑于密实的地层上，现浇混凝土导墙拆模后应立即在墙间加设支撑，支撑水平间距 2m，上下各一道（图 1.7-1）。

（2）接头管（箱）构造形式应充分考虑防绕流、混凝土侧压力、相邻槽段施工便捷等因素。对防水有特殊要求的地下连续墙，应采用"工"字或"王"字刚性接头，接头两侧应有防绕流措施（图1.7-2）。

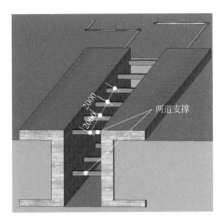

图 1.7-1 导墙施工

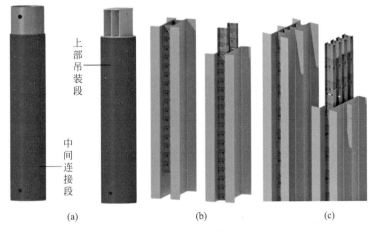

图 1.7-2 接头形式
（a）接头管；（b）"工"字刚性接头；（c）"王"字刚性接头

1.7.2 工艺流程

开始→测量放线（图1.7-3）→导墙施工（图1.7-4）→成槽施工（图1.7-5）→清槽（图1.7-6）→吊放接头管（图1.7-7）→吊放钢筋笼（图1.7-8）→安置导管（图1.7-9、图1.7-10）→灌注混凝土（图1.7-11）→拔接头管（箱）（图1.7-12、图1.7-13）→结束。

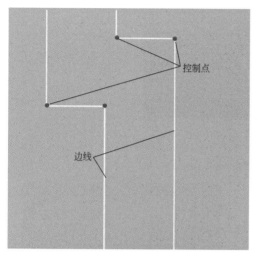

图1.7-3 测量放线

图1.7-4 导墙施工

图1.7-5 成槽施工

图1.7-6 清槽

图1.7-7 吊放接头管

图1.7-8 吊放钢筋笼

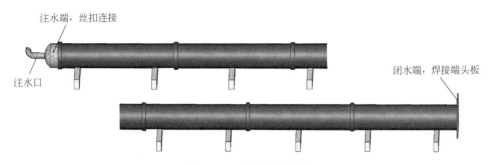

图 1.7-9　导管闭水试验

图 1.7-10　安置导管

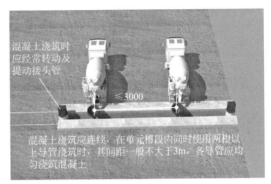

图 1.7-11　浇筑混凝土

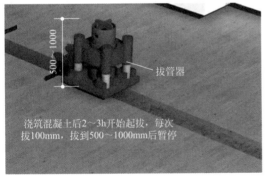

图 1.7-12　拔接头管（1）

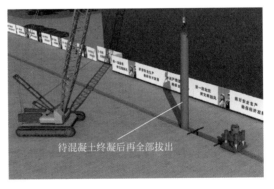

图 1.7-13　拔接头管（2）

1.7.3　做法要点

（1）混凝土浇筑应连续，在单元槽段内同时使用两根以上导管浇筑时，其间距一般不大于 3m，各导管应均匀浇筑混凝土。

（2）混凝土浇筑时应经常转动及提动接头管。接头管的起拔时间一般在浇筑混凝土后 2～3h 开始，每次拔 100mm，拔到 500～1000mm 后暂停，待混凝土终凝后再全部拔出。

（3）混凝土导管应作闭水试验，浇筑过程中应严格控制导管埋入混凝土的深度，勤拔管，防止混凝土堵塞导管。

1.8 水泥粉煤灰碎石桩复合地基

1.8.1 质量要点

（1）水泥、石子、石屑、粉煤灰等原材料的质量符合设计要求。

（2）施工过程中应检查桩身混合料的配合比、坍落度和提拔钻杆速度（或提拔套管进度）、成孔深度、混合料灌入量等。

（3）施工结束后，应对桩顶标高、桩位、桩体质量、地基承载力等作检查。

1.8.2 工艺流程

定桩位（图 1.8-1）→钻机就位（图 1.8-2）→复测桩位（图 1.8-3）→钻孔至设计深度（图 1.8-4）→搅拌混合料（图 1.8-5）→提升钻杆并压灌混合料（图 1.8-6）→灌注混凝土→成桩验收（图 1.8-7）。

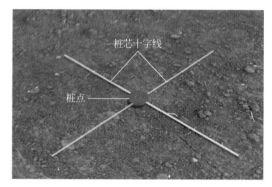

图 1.8-1 水泥粉煤灰碎石桩定桩位

图 1.8-2 水泥粉煤灰碎石桩钻机就位

图 1.8-3 复测桩位

图 1.8-4 钻孔至设计深度

图 1.8-5 搅拌混合料

图 1.8-6 提升钻杆、压灌混合料

图 1.8-7 成桩验收

1.8.3 做法要点

（1）场地必须平整、稳固，确保钻机施工中不发生倾斜。

（2）在钻机双侧以吊锤和全站仪校正钻杆垂直度，在钻架上做出控制深度的标尺，在施工中做好观测和记录。

（3）严格控制预拌混合料的配比，控制好搅拌时间和坍落度。

（4）成孔至设计深度后立即压灌混合料，提钻速度与压灌混合料速度相匹配，超灌保护桩长应符合设计要求。

1.9 水泥土搅拌桩复合地基

1.9.1 质量要点

（1）施工前检查水泥及外掺剂的质量、桩位、搅拌机工作性能及各种计量设备的检定情况。

（2）施工中应检查机头提升速度、水泥浆或水泥用量、搅拌桩的长度及标高。

（3）施工结束后，应按规范要求检查桩体强度、桩体直径及地基承载力。

（4）成桩后应对桩头进行妥善保护。成桩 3d 内，不得有机械和车辆在其上行走，或堆放重物。

（5）冬期施工，桩体未达到预定强度前不得开挖，以免影响桩体强度的增长，必要时应采取保温措施。

1.9.2 工艺流程

定桩位（图 1.9-1）→钻机就位（图 1.9-2）→钻进下沉（图 1.9-3）→提升搅拌、喷浆（图 1.9-4）→重复下沉、提升搅拌（喷浆）（图 1.9-5、图 1.9-6）→成桩验收。

1.9.3 做法要点

（1）钻机就位必须使用定位卡，桩位对中误差不大于 50mm，导向架和搅拌轴与地面垂直，垂直度偏差不应超过 1%。

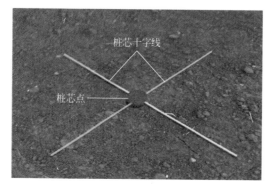

图 1.9-1　水泥土搅拌桩定桩位

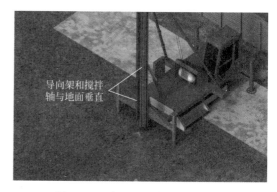

图 1.9-2　水泥土搅拌桩钻机就位

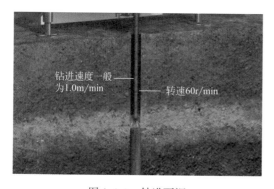

图 1.9-3　钻进下沉

图 1.9-4　喷浆

图 1.9-5　重复下沉、提升搅拌

图 1.9-6　浆液泵送

（2）钻进速度一般为 1.0m/min，转速 60r/min 左右，喷浆压力控制在 1.0～1.4MPa，喷浆量控制在 30L/min，下沉到设计深度后原地喷浆 30s 再提升。

（3）搅拌机预拌下沉时不宜采用冲水下沉，当遇到硬土层时，需经设计确认后，方可适量冲水。凡经输浆管冲水下沉的桩，喷浆前应将输浆管内的水排净。

（4）搅拌头下沉到设计深度后，开启灰浆泵将浆液送入桩底，当浆液到达出浆口后，再开始提升搅拌头，边喷浆边匀速搅拌提升。

（5）浆液泵送必须连续，严格按照设计和试桩确定的提升速度提升搅拌，将加固材料与土体拌和均匀，直至设定的停浆面。

1.10　桩基工程

1.10.1　一般规定

（1）桩基的设计与施工，应综合考虑地质条件、上部结构类型、荷载特征、施工技术条件与环境、检测条件等因素。

（2）按承载性状可分为摩擦型桩和端承型桩。

（3）按桩的使用功能可分为：竖向抗压桩（图1.10-1）、竖向抗拔桩（图1.10-2）、水平受荷桩（图1.10-3）和复合受荷桩（图1.10-4）。

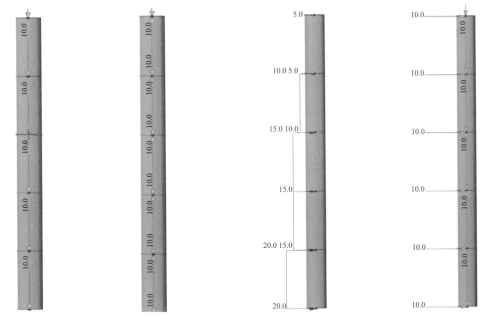

图1.10-1　竖向受压桩　图1.10-2　竖向抗拔桩　图1.10-3　水平受荷桩　图1.10-4　复合受荷桩

（4）按桩身材料可分为：①灌注桩、预制桩（图1.10-5）；②钢桩（图1.10-6）；③组合材料桩（图1.10-7）。

图1.10-5　灌注桩、预制桩

图1.10-6　钢桩

图1.10-7　组合材料桩

（5）泥浆护壁钻孔灌注桩宜用于地下水位以下的黏性土、粉土、砂土、填土、碎石土及风化岩层。

（6）干作业成孔灌注桩适用于地下水位以上的黏性土、粉土、填土、中等密实以上的砂土、风化岩层。人工扩孔灌注桩在水位较高，特别是有承压水的砂土层、滞水层、厚度较大的高压缩性淤泥层和流塑淤泥质土层中施工时，必须有可靠的技术措施和安全措施。

图 1.10-8　成孔

1.10.2　质量要求

（1）灌注桩的成桩质量检查主要包括成孔（图 1.10-8）及清孔（图 1.10-9）、钢筋笼制作及安放（图 1.10-10）、混凝土搅拌及灌注（图 1.10-11）这三个工序过程的质量检查。

图 1.10-9　清孔

图 1.10-10　钢筋笼安放

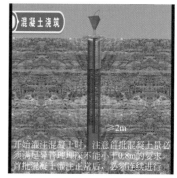

图 1.10-11　混凝土浇筑

（2）预制桩和钢桩成桩质量检查主要包括制桩、打入（静压，图 1.10-12）深度、停锤标准（图 1.10-13）、桩位及垂直度检查（图 1.10-14）。

图 1.10-12　静力压桩

图 1.10-13　锤击沉桩

图 1.10-14　垂直度检查

（3）作为工程桩主要应进行承载力和桩身完整性检验。

（4）设计等级为甲级或地质条件复杂时，应采用静载试验的方法对桩基承载力进行检验，检验桩数不应少于总桩数的 1%，且不应少于 3 根，当总桩数少于 50 根时，不应少于 2 根。在有经验和对比资料的地区，设计等级为乙级、丙级的桩基可采用高应变法对桩基进行竖向抗压承载力检测，检测数量不少于总桩数的 5%，且不应少于 10 根。

（5）可采用低应变法、高应变法和声波透射法进行桩身完整性检测，抽检数量应符合下列规定：

① 柱下三桩或三桩以下的承台抽检桩数不得少于 1 根。

② 设计等级为甲级或地质条件复杂、成桩质量可靠性较低的灌注桩，抽检数量不应少于总桩数的 30%，且不得少于 20 根，其他桩基工程的抽检数量不应少于总桩数的 20%，且不得少于 10 根。

（6）按照国家优质工程的要求，桩身完整性检测 Ⅰ 类桩（桩身完整）需 90% 以上，无 Ⅲ 类桩（桩身有明显缺陷，对桩身结构承载力有影响）。

（7）地基基础安全、可靠、耐久，沉降变形满足设计及相关规范的要求，无不均匀沉降或不合理变形引起的主体结构裂缝或倾斜；沉降及位移等观测数据正确有效；无因建（构）筑物周围回填土沉陷造成散水被破坏等情况；变形缝的设置合理，且无开裂变形等情况。

1.10.3　工艺要点

1）成孔工艺

（1）成孔工艺应根据工程特点、地质条件、设计要求和实际成孔情况合理选用。钻孔灌注桩施工前必须试成孔，试成孔数量应根据工程规模和施工场地地层特点确定，且不少于 2 个。

（2）成孔前应在桩位埋设护筒或应有相应的保护孔口措施（图 1.10-15）。成孔直径必须达到设计桩径。成孔施工应不间断地一次完成，不得无故停钻。

图 1.10-15　保护孔口措施

（3）成孔方式有正循环成孔和泵吸反循环成孔，也可采用正反循环结合的方式成孔（上部黏土层正循环成孔，下部砂土层泵吸反循环成孔）。

（4）正循环钻进参数如表 1.10-1 所示。

正循环成孔钻进控制参数　　　　　　　　　　　　　表 1.10-1

钻进参数 土层	钻压 （kPa）	转速 （r/min）	最小泵量（m³/h）	
			小于 1000mm 桩	大于 1000mm 桩
粉性土、黏性土	10～25	40～70	100	150
砂土	5～15	40	100	150

（5）反循环钻进参数如表1.10-2所示。

反循环成孔钻进控制参数 表1.10-2

钻进参数 土层	钻压 （kPa）	转速 （r/min）	泵量（m³/h）
粉性土、黏性土	5～25	20～50	140～180
砂土	10～15	20～40	160～180

注：1. 砂石泵排量要根据孔径大小和地层情况控制调整，外环间隙泥浆流速不宜大于10m/min，钻杆内流体上返速度宜为2.5～3.5m/s。

2. 桩径较大时，钻压宜选用上限，转速宜选用下限；桩径较小时，钻压宜选用下限，转速宜选用上限。

2）清孔工艺

（1）清孔应分为两次进行。第一次清孔应在成孔完毕后进行（图1.10-16）。第二次应在安放钢筋笼和导管安装完毕后进行（图1.10-17）。

图1.10-16　一次清孔

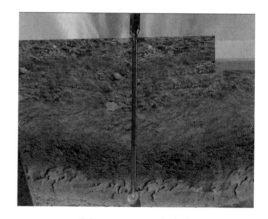

图1.10-17　二次清孔

（2）常用的清孔方法有：正循环清孔、泵吸反循环清孔和气举反循环清孔。

（3）清孔过程中和结束时应测定泥浆指标，清孔结束时应测定孔底沉淤，第二次清孔结束后，孔底0.5m以内的泥浆指标和孔底沉渣见表1.10-3。

清孔后泥浆指标和孔底允许沉渣厚度及检测方法 表1.10-3

项次	项目		技术指标	检测方法
1	泥浆指标	泥浆密度 孔深<60m	≤1.15	泥浆密度计
		泥浆密度 孔深≥60m	≤1.20	
		泥浆黏度	18″～22″	漏斗法
2	沉渣厚度	承重桩	≤100mm	用沉渣仪或测锤测定。 测锤重量不应小于1kg
		支护桩	≤200mm	

注：1. 表列孔深系指自然地面标高至桩端标高的深度。

2. 孔深小于60m，但桩端标高已进入第⑨层土或进入第⑦层土较多时，泥浆密度可按孔深不小于60m时的指标控制。

3. 清孔时应同时检测泥浆密度和黏度，当泥浆黏度已接近下限，泥浆密度仍不达标时，应检测泥浆含砂率，当含砂率大于8%时，应采用除砂器除砂，保证泥浆密度达标。

3）钢筋笼施工工艺

（1）钢筋笼宜分段制作。分段长度应根据钢筋笼的整体刚度、来料钢筋长度及起重设备的有效高度等因素确定（图 1.10-18）。

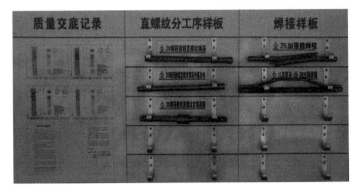

图 1.10-18 钢筋笼分段制作

（2）钢筋笼的外形尺寸应符合设计要求，其允许偏差如表 1.10-4 所示。

钢筋笼制作允许偏差 表 1.10-4

项次	项目	允许偏差（mm）
1	主筋间距	±10
2	箍筋间距	±20
3	钢筋笼直径	±10
4	钢筋笼整体长度	±100

（3）钢筋笼应经验收合格后方可安装（图 1.10-19）。

（4）钢筋笼在起吊运输和安装中应防止变形。

（5）钢筋笼安装标高应符合设计要求，其允许偏差为±100mm。

4）混凝土施工工艺

（1）灌注桩应采用商品混凝土，施工中应进行坍落度检测，单桩检测次数如表 1.10-5 所示。

（2）混凝土试件的制作、养护和试验应符合下列规定：每灌注 50m³ 必须有 1 组试件，小于 50m³ 的桩，每根桩必须有 1 组试件。每组应有 3 个试件，同组试件，应取自同车混凝土。

图 1.10-19 钢筋笼验收

单桩混凝土坍落度检测次数 表 1.10-5

项次	单桩混凝土量（m³）	次数	检测时间
1	≤30	2	灌注混凝土前、后阶段各一次
2	>30	3	灌注混凝土前、后和中间阶段各一次

（3）混凝土采用导管法水下灌注，单桩混凝土必须连续灌注，其充盈系数不得小于1，也不宜大于1.3。

（4）混凝土灌注过程中导管应始终埋在混凝土中。导管埋入混凝土面的深度宜为3～10m，最小埋入深度不得小于2m。导管应勤提勤拆，一次提拆管不得超过6m（图1.10-20）。

图1.10-20　灌注混凝土

5）桩端后注浆钻孔灌注桩

（1）采用桩端后注浆的钻孔灌注桩可以显著提高桩的承载力，多用于以砂性土为持力层的超深（60～100m）灌注桩。

（2）注浆装置由注浆管、注浆阀和注浆器组成，注浆阀应采用单向阀，应能承受大于1MPa的静水压力。

（3）注浆管数量宜按桩径设置，数量不应少于2根，通常预埋3根（正三角形分布），既可作为超声波检测管，又可作为后序的注浆管。

（4）注浆器下部应伸出桩端以下200～500mm，上端宜高出地下0.2m，上口须用堵头封闭。

（5）灌注桩成桩后的7～8h内，进行清水开塞，开塞压力0.8～1.2MPa，开塞后应即停止注水；注浆作业宜在成桩2d后开始。满足下列条件之一可终止注浆：注浆总量达到设计要求或注浆量达到80%以上，且压力达到设计要求，即注浆量和注浆压力的双控要求。

1.11　灌注桩桩头处理

（1）材料：水泥基结晶防水粉。

（2）工具：手提切割机、冲击钻、风镐、榔头、刷子。

（3）工序：弹线→切割→钢筋剥离→破除混凝土→修平垫层→防水处理→保护层。

（4）工艺方法：在桩顶设计标高以上50mm处弹出切割控制线，用切割机沿控制线处切一圈，切割深度以距主筋10mm为宜。用冲击钻剥离出主筋，用风镐破除桩芯混凝土，桩顶用錾子凿修平整。桩顶及四周涂刷水泥基防水涂料，桩周围垫层表面涂刷宽度不小于200mm，基础底板防水材料与桩周围接缝处用防水油膏密封，桩主筋根部安装遇水膨胀止水圈（图1.11-1、图1.11-2）。

（5）控制要点：主筋保护，防水处理。

（6）质量要求：桩头处理平整，桩顶标高允许偏差±20mm，主筋不得产生硬弯，卷材收口严密。

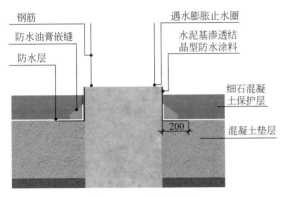

图 1.11-1 做法详图

图 1.11-2 现场实拍图

1.12 沉降观测

沉降观测要求：

（1）沉降观测记录最终值、最大沉降值、最小沉降值、沉降差。

（2）建筑物最后 100d 沉降速率（观测日期）：沉降趋于稳定的判定标准：《建筑变形测量规范》JGJ 8 相关要求，最后 100d，沉降速率小于 $0.01 \sim 0.04$mm/d，但是区间值的取值是根据各地区地基土层的压缩性能来确定的。如江苏南部地区接近稳定时的周期容许沉降量为 1mm/100d，稳定标准小于 0.01mm/d，故一般在国家级奖项检查此项资料时，一般最后百日沉降速率在 0.01mm/d 以内后，沉降才算趋于稳定。西安的周期容许沉降量为 $1 \sim 2$mm/50d，稳定标准为 $0.02 \sim 0.04$mm/d；上海的周期容许沉降量为 2mm/半年，稳定标准是 0.01mm/d。

（3）沉降曲线图形应该与沉降低数值相匹配，趋于稳定的沉降曲线应呈收敛状，线型基本平直（图 1.12-1、图 1.12-2）。

图 1.12-1 基坑沉降观测

图 1.12-2 周边建筑沉降观测

第二部分

主体结构

第2章

现浇混凝土结构

2.1 整体描述

（1）现浇混凝土结构整体应内坚外美：外观干净整齐，色泽均匀，各构件位置、标高、截面尺寸正确，棱角顺直，阴阳角方正，强度满足设计和规范要求。

（2）所有材料进场必须做好验收、复试工作，确保施工现场使用的材料满足施工图纸及相应规范要求，钢筋原材或成品钢筋进场时，应按照规范规定抽取试件作屈服强度、抗拉强度、伸长率和重量偏差检验，检验结果应符合国家现行相关标准的规定。对于不合格材料严禁投入施工现场使用。

（3）钢筋的品种、级别、规格、数量和保护层必须符合设计和图纸要求。钢筋的连接方式、接头位置、接头质量、接头面积百分率、搭接长度、锚固方式及锚固长度；箍筋、横向钢筋的牌号、规格、数量、间距、位置、箍筋弯折的弯折角度及平直段长度均符合设计、规范要求。钢筋接头位置整体划一，横竖成排、成线。

（4）钢筋加工尺寸和绑扎尺寸偏差应符合要求。钢筋绑扎起步筋位置应符合要求。箍筋起步位置以及箍筋间距应符合要求。

（5）钢筋插筋位置准确、无移位、固定牢固，对高度过大的墙柱插筋应采取临时固定措施，防止插筋倾倒、变形。钢筋排布整体应整齐划一、顺直，间距均匀，协调美观。

（6）模板安装轴线位置、截面尺寸、对角线、边线顺直度允许偏差符合设计、规范要求。模板加固用主次龙骨间距符合要求，横平竖直、加固牢固、可靠，集水坑、电梯井等模板体系具有有效、可靠的抗浮措施。

（7）施工缝留置位置正确，后浇带宽度满足设计要求，施工缝剔凿密实、美观、平齐。

（8）模板的接缝严密、不漏浆；模板与混凝土的接触面应清理干净并涂刷隔离剂，涂刷隔离剂不得沾污钢筋和混凝土接槎处，施工缝处混凝土表面按要求处理完成。

（9）模板拆除必须满足混凝土同条件试块或图纸、规范相关要求，模板拆除后边角顺直、无缺棱掉角现象。

（10）架体搭设应符合规范及模板施工方案要求，在架体底部应按纵下横上的次序设置扫地杆，架体垂直度、顺直度符合规范要求。安装现浇结构的上层模板及其支架时，下层楼板具有承受上层荷载的承载能力，或加设支架；上下层支架的立柱对准，并铺设垫板。

（11）固定在模板上的预埋件、预留孔洞均不得遗漏、定位准确，且应安装牢固。

（12）水电管线预留预埋位置准确、牢固。预留套管安装到位、轴线、位置、标高符合设计、规范要求。

（13）定期对搅拌站原材取样复试，确保搅拌站混凝土质量符合图纸和规范要求。同时对混凝土进场验收，包括但不限于混凝土强度、部位、坍落度等。

（14）混凝土应连续浇筑，并应在底层混凝土初凝之前将上一层混凝土浇筑完毕。墙柱混凝土应分段分层浇筑，振捣密实，避免过振。

（15）后浇带处模板支撑架必须独立搭设，混凝土未浇筑前应有保护钢筋的措施，可用模板盖住钢筋，并用灰砂砖做出挡水带。

（16）冬期混凝土施工必须提前掌握天气预报，根据冬施方案做好各项测温点的留置及测温记录，采取有针对性的保温、升温措施，极寒天气停止混凝土浇筑工作。

（17）预应力工程施工前做好节点深化设计，指导现场便捷实施，同时做好过程验收和成品保护工作。

（18）砌体工程施工前必须进行排砖优化，减少损耗，施工过程中水电提前插入，禁止砌筑完成墙体后期随意开槽，做好构造柱、板带、芯柱、灰缝的施工节点控制，同时做好砌体结构与一次结构连接处的节点处理，避免后期开裂。

2.2 规范要求

2.2.1 现浇混凝土结构施工主要相关规范标准

本条所列的是与现浇混凝土结构施工相关的主要国家和行业标准，也是各项目施工中经常查看的规范标准。地方标准由于各地要求不一致，未进行列举，但在各地施工时必须参考。

《建筑工程施工质量验收统一标准》GB 50300

《建筑地基基础工程施工质量验收标准》GB 50202

《砌体结构工程施工质量验收规范》GB 50203

《混凝土结构工程施工质量验收规范》GB 50204

《混凝土结构工程施工规范》GB 50666

《混凝土结构设计规范》GB 50010

《砌体结构工程施工规范》GB 50924

《蒸压加气混凝土砌块》GB/T 11968

《大体积混凝土施工标准》GB 50496

《地下防水工程质量验收规范》GB 50208

《混凝土质量控制标准》GB 50164

《混凝土外加剂应用技术规范》GB 50119

《钢筋混凝土用钢 第 1 部分：热轧光圆钢筋》GB/T 1499.1

《钢筋混凝土用钢 第 2 部分：热轧带肋钢筋》GB/T 1499.2

《高层建筑混凝土结构技术规程》JGJ 3

《钢筋焊接及验收规程》JGJ 18

《钢筋机械连接技术规程》JGJ 107

《钢筋机械连接用套筒》JG/T 163

《混凝土结构成型钢筋应用技术规程》JGJ 366

《建筑物抗震构造详图（多层和高层钢筋混凝土房屋）》20G 329-1

《混凝土结构施工图平面整体表示方法制图规则和构造详图（现浇混凝土框架、剪力墙、梁、板）》22G 101-1

《G101系列图集常用构造三维节点详图（框架结构、剪力墙结构、框架—剪力墙结构）》11G 902-1

《混凝土结构施工钢筋排布规则与构造详图（现浇混凝土框架、剪力墙、梁、板）》18G 901-1

《混凝土结构施工钢筋排布规则与构造详图（现浇混凝土板式楼梯）》18G 901-2

《混凝土结构施工钢筋排布规则与构造详图（独立基础、条形基础、筏形基础、桩基础）》18G 901-3

《建筑施工安全检查标准》JGJ 59

《建筑工程大模板技术标准》JGJ/T 74

《建筑施工门式钢管脚手架安全技术标准》JGJ/T 128

《建筑施工扣件式钢管脚手架安全技术规范》JGJ 130

《建筑施工模板安全技术规范》JGJ 162

《建筑施工碗口式钢管脚手架安全技术规范》JGJ 166

《清水混凝土应用技术规程》JGJ 169

《建筑施工承插型盘扣式钢管脚手架安全技术标准》JGJ/T 231

《危险性较大的分部分项工程安全管理规定》（住房和城乡建设部令第37号）

《普通混凝土拌合物性能试验方法标准》GB/T 50080

《混凝土物理力学性能试验方法标准》GB/T 50081

《普通混凝土长期性能和耐久性能试验方法标准》GB/T 50082

《混凝土结构现场检测技术标准》GB/T 50784

《大体积混凝土温度测控技术规范》GB/T 51028

《混凝土泵送施工技术规程》JGJ/T 10

《普通混凝土用砂、石质量及检验方法标准》JGJ 52

《普通混凝土配合比设计规程》JGJ 55

《混凝土用水标准》JGJ 63

《建筑工程冬期施工规程》JGJ/T 104

《钻芯法检测混凝土强度技术规程》JGJ/T 384

《高性能混凝土评价标准》JGJ/T 385

2.2.2 主要规范强制性条文、规定

以下规范强制性条文、规定如有与通用规范不一致之处，均以通用规范的规定为准。

1. 《混凝土结构工程施工质量验收规范》GB 50204—2015 强制性条文

第4.1.2条　模板及支架应根据安装、使用和拆除工况进行设计，并应满足承载力、刚度和整体稳固性要求。

第5.2.1条　钢筋进场时，应按国家现行相关标准的规定抽取试件作屈服强度、抗拉强度、伸长率、弯曲性能和重量偏差检验，检验结果应符合相应标准的规定。

检查数量：按进场批次和产品的抽样检验方案确定。

检验方法：检查质量证明文件和抽样检验报告。

第5.2.3条　对按一、二、三级抗震等级设计的框架和斜撑构件（含梯段）中的纵向受力普通钢筋应采用 HRB335E、HRB400E、HRB500E、HRBF335E、HRBF400E 或 HRBF500E 钢筋，其强度和最大力下总伸长率的实测值应符合下列规定：

（1）抗拉强度实测值与屈服强度实测值的比值不应小于 1.25；

（2）屈服强度实测值与屈服强度标准值的比值不应大于 1.30；

（3）最大力下总伸长率不应小于 9%。

检查数量：按进场的批次和产品的抽样检验方案确定。

检验方法：检查抽样检验报告。

第5.5.1条　钢筋安装时，受力钢筋的牌号、规格和数量必须符合设计要求。

检查数量：全数检查。

检验方法：观察、尺量。

第6.2.1条　预应力筋进场时，应按国家现行相关标准的规定抽取试件作抗拉强度、伸长率检验，其检验结果应符合相应标准的规定。

检查数量：按进场的批次和产品的抽样检验方案确定。

检验方法：检查质量证明文件和抽样检验报告。

第6.3.1条　预应力筋安装时，其品种、规格、级别和数量必须符合设计要求。

检查数量：全数检查。

检验方法：观察，尺量。

第6.4.2条　对后张法预应力结构构件，钢绞线出现断裂或滑脱的数量不应超过同一截面钢绞线总根数的 3%，且每根断裂的钢绞线断丝不得超过一丝；对多跨双向连续板，其同一截面应按每跨计算。

检查数量：全数检查。

检验方法：观察，检查张拉记录。

第7.2.1条　水泥进场时，应对其品种、代号、强度等级、包装或散装编号、出厂日期等进行检查，并应对水泥的强度、安定性和凝结时间进行检验，检验结果应符合现行国家标准《通用硅酸盐水泥》GB 175 等的相关规定。

检查数量：按同一厂家、同一等品种、同一代号、同一强度等级、同一批号且连续进场的水泥，袋装不超过 200t 为一批，散装不超过 500t 为一批，每批抽样数量不应少于一次。

检验方法：检查质量证明文件和抽样检验报告。

【注：质量证明文件包括产品合格证、有效的型式检验报告、出厂检验报告。】

第7.4.1条 混凝土的强度等级必须符合设计要求。用于检验混凝土强度的试件，应在混凝土的浇筑地点随机抽取。

检查数量：对同一配合比混凝土，取样与试件留置应符合下列规定：

（1）每拌制100盘且不超过100m³时，取样不得少于一次；

（2）每工作班拌制不足100盘时，取样不得少于一次；

（3）连续浇筑超过1000m³时，每200m³取样不得少于一次；

（4）每一楼层取样不得少于一次；

（5）每次取样应至少留置一组试件。

检验方法：检查施工记录及混凝土强度试验报告。

【注：试件的制作地点应为浇筑地点，通常指入模处。】

2.《混凝土结构工程施工规范》GB 50666—2011 强制性条文

第4.1.2条 对模板及支架，应进行设计。模板及支架应具有足够的承载力、刚度和稳定性，应能可靠地承受施工过程中所产生的各类荷载。

采用扣件式钢管作高大模板支架的立杆时，支架搭设应遵循下列规定：

（1）钢管规格、间距和扣件应符合设计要求；

（2）立杆上应每步设置双向水平杆，水平杆应与立杆扣紧；

（3）立杆底部应设置垫板。

第5.1.3条 当需要进行钢筋代换时，应办理设计变更文件。

第5.2.2条 对有抗震设防要求的结构，其纵向受力钢筋的性能应满足设计要求；当设计无具体要求时，对按一、二、三级抗震等级设计的框架和斜撑构件（含梯段）中的纵向受力钢筋应采用HRB335E、HRB400E、HRB500E、HRBF335E、HRBF400E或HRBF500E钢筋，其强度和最大力下总伸长率的实测值，应符合下列规定：

（1）钢筋的抗拉强度实测值与屈服强度实测值的比值不应小于1.25；

（2）钢筋的屈服强度实测值与屈服强度标准值的比值不应大于1.30；

（3）钢筋的最大力下总伸长率不应小于9%。

第6.1.3条 当预应力筋需要代换时，应进行专门计算，并应经原设计单位确认。

第6.4.10条 预应力筋张拉中应避免预应力筋断裂或滑脱。当发生断裂或滑脱时，应符合下列规定：

（1）对后张法预应力结构构件，断裂或滑脱的数量严禁超过同一截面预应力筋总根数的3%，且每束钢丝或钢绞线不得超过一丝；对多跨双向连续板，其同一截面应按每跨计算。

（2）对先张法预应力构件，在浇筑混凝土前发生断裂或滑脱的预应力筋必须更换。

第7.2.4条 混凝土细骨料中氯离子含量，对钢筋混凝土，按干砂的质量百分率计算不得大于0.06%；对预应力混凝土，按干砂的质量百分率计算不得大于0.02%。

第7.2.10条 未经处理的海水严禁用于钢筋混凝土结构和预应力混凝土结构中混凝土的拌制和养护。

第7.6.3条 应对水泥的强度、安定性及凝结时间进行检验。同一生产厂家、同一等级、同一品种、同一批号且连续进场的水泥，袋装水泥不超过200t应为一批，散装水泥不超过500t应为一批。

第7.6.4条　当使用中水泥质量受不利环境影响或水泥出厂超过三个月（快硬硅酸盐水泥超过一个月）时，应进行复验，并应按复验结果使用。

第8.1.3条　混凝土运输、输送、浇筑过程中严禁加水；混凝土运输、输送、浇筑过程中散落的混凝土严禁用于混凝土结构构件的浇筑。

3.《钢筋机械连接技术规程》JGJ 107—2016 强制性条文

第3.0.5条　Ⅰ级、Ⅱ级、Ⅲ级接头的抗拉强度必须符合表3.0.5的规定。

表3.0.5　接头的抗拉强度

接头等级	Ⅰ级		Ⅱ级	Ⅲ级
抗拉强度	$f_{mst}^0 \geq f_{stk}$ 或 $f_{mst}^0 \geq 1.10 f_{stk}$	钢筋拉断连接件破坏	$f_{mst}^0 \geq f_{stk}$	$f_{mst}^0 \geq 1.25 f_{yk}$

4.《钢筋焊接及验收规程》JGJ 18—2012 强制性条文

第3.0.6条　施焊的各种钢筋、钢板均应有质量证明书；焊条、焊丝、氧气、溶解乙炔、液化石油气、二氧化碳气体、焊剂应有产品合格证。

钢筋进场时，应按国家现行相关标准的规定抽取试件并作力学性能和重量偏差检验，检验结果必须符合国家现行有关标准的规定。

检查数量：按进场的批次和产品的抽样检验方案确定。

检验方法：检查产品合格证、出厂检验报告和进场复验报告。

第4.1.3条　在钢筋工程焊接开工前，参与该项工程施焊的焊工必须进行现场条件下的焊接工艺试验，应经试验合格后，方准参与焊接生产。

第5.1.7条　钢筋闪光对焊接头、电弧焊接头、电渣压力焊接头、气压焊接头、箍筋闪光对焊接头、预埋件钢筋T形接头的拉伸试验，应从每一检验批接头中随机切取3个接头进行试验并应按下列规定对试验结果进行评定：

（1）符合下列条件之一，应评定该检验批接头拉伸试验合格：

①3个试件均断于钢筋母材，呈延性断裂，其抗拉强度大于或等于钢筋母材抗拉强度标准值。

②2个试件断于钢筋母材，呈延性断裂，其抗拉强度大于或等于钢筋母材抗拉强度标准值；另1试件断于焊缝，呈脆性破坏，其抗拉强度大于或等于钢筋母材抗拉强度标准值的1.0倍。

注：试件断于热影响区，呈延性断裂，应视作与断于钢筋母材等同；呈脆性断裂，应视作与断于焊缝等同。

（2）符合下列条件之一，应进行复验：

①2个试件断于钢筋母材，呈延性断裂，其抗拉强度大于或等于钢筋母材抗拉强度标准值；另1试件断于焊缝，或热影响区，呈脆性断裂，其抗拉强度小于钢筋母材抗拉强度标准值的1.0倍。

②1个试件断于钢筋母材，呈延性断裂，其抗拉强度大于或等于钢筋母材标准值；另2个试件断于焊缝或热影响区，呈脆性断裂。

（3）3个试件均断于焊缝，呈脆性断裂，其抗拉强度均大于或等于钢筋母材抗拉强度标准值的1.0倍，应进行复验。当3个试件中有1个试件抗拉强度小于钢筋母材抗拉强度标准值的1.0倍，应评定该检验批接头拉伸试验不合格。

（4）复验时，应切取6个试件进行试验。试验结果，若有4个或4个以上试件断于钢筋母材，呈延性断裂，其抗拉强度大于或等于钢筋母材抗拉强度标准值，另2个或2个以下试件断于焊缝，呈脆性断裂，其抗拉强度大于或等于钢筋母材抗拉强度标准值的1.0倍，应评定该检验批接头拉伸试验复验合格。

（5）可焊接余热处理钢筋RRB400W焊接接头拉伸试验结果，其抗拉强度应符合同级别热轧带肋钢筋抗拉强度标准值540MPa的规定。

（6）预埋件钢筋T形接头拉伸试验结果，3个试件的抗拉强度均大于或等于表5.1.7的规定值时，应评定该检验批接头拉伸试验合格。若有1个接头试件强度小于表5.1.7的规定值时，应进行复验。复验时，应切取6个试件进行试验。复验结果，其抗拉强度均大于或等于表5.1.7的规定值时，应评定该检验批接头拉伸试验复验合格。

表 5.1.7　预埋件钢筋 T 形接头抗拉强度规定值

钢筋牌号	抗拉强度规定值（MPa）
HPB300	400
HRB335、HRBF335	435
HRB400、HRBF400	520
HRB500、HRBF500	610
RRB400W	520

第5.1.8条　钢筋闪光对焊接头、气压焊接头进行弯曲试验时，应从每个检验批接头中随机切3个接头，焊缝应处于弯曲中心点，弯心直径和弯曲角度应符合表5.1.8的规定。

表 5.1.8　接头弯曲试验指标

钢筋牌号	弯心直径	弯曲角度（°）
HPB300	$2d$	90
HRB335、HRBF335	$4d$	90
HRB400、HRBF400、RRB400W	$5d$	90
HRB500、HRBF500	$7d$	90

注：1. d 为钢筋直径（mm）。

2. 直径大于25mm的钢筋焊接接头，弯心直径应增加1倍钢筋直径。

弯曲试验结果应按下列规定进行评定：

（1）当试验结果，弯曲至90°，有2个或3个试件外侧（含焊缝和热影响区）未发生宽度达到0.5mm的裂纹，应评定该检验批弯头弯曲试验合格。

（2）当有2个试件发生宽度达到0.5mm的裂纹，应进行复验。

（3）当有3个试件发生宽度达到0.5mm的裂纹，应评定该检验批弯头弯曲试验不合格。

（4）复验时，应切取6个试件进行试验。复验结果，当不超过2个试件发生宽度达到0.5mm的裂纹时，应判定该检验批弯头弯曲试验合格。

第6.0.1条 从事钢筋焊接施工的焊工必须持有钢筋焊工考试合格证，并应按照合格证规定的范围上岗操作。

第7.0.4条 焊接作业区防火安全应符合下列规定：

（1）焊接作业区和焊机周围6m以内，严禁堆放装饰材料、油料、木材、氧气瓶、溶解乙炔瓶、液化石油气瓶等易燃、易爆物品；

（2）除必须在施工工作面焊接外，钢筋应在专门搭设的防雨、防潮、防晒的工房内焊接，工房的屋顶应有安全防护和排水设施，地面应干燥，应有防止飞溅的金属火花伤人的设施；

（3）高空作业的下方和焊接火星所及的范围内，必须彻底清除易燃、易爆物品；

（4）焊接作业区应配置足够的灭火设备，如水池、砂箱、水龙带、消火栓、手提灭火器。

5.《混凝土结构成型钢筋应用技术规程》JGJ 366—2015 强制性条文

第4.1.6条 HRB335E、HRB400E、HRB500E、HRBF335E、HRBF400E 或 HRBF500E 钢筋应用在按一、二、三级抗震等级设计的框架和斜撑构件（含梯段）中的纵向受力部位时，其强度和最大力下总伸长率的实测值应符合现行国家标准《混凝土结构工程施工质量验收规范》GB 50204 的有关规定，其中 HRB335E 和 HRBF335E 不得用于框架梁、柱的纵向受力钢筋，只可用于斜撑构件。

第4.2.3条 钢筋进加工厂时，加工配送企业应按国家现行相关标准的规定抽取试件作屈服强度、抗拉强度、伸长率、弯曲性能和重量偏差检验，检验结果应符合国家现行相关标准的规定。

检查数量：按进厂批次和产品的抽样检验方案确定。

检验方法：检查钢筋质量证明文件和抽样检验报告。

6.《钢框胶合板模板技术规程》JGJ 96—2011 强制性条文

第3.3.1条 吊环应采用 HPB235 钢筋制作，严禁使用冷加工钢筋。

第4.1.2条 模板及支承应具有足够的承载力、刚度和稳定性。

第6.4.7条 在起吊模板前，应拆除模板与混凝土结构之间的所有对拉螺栓、连接件。

7.《建筑施工模板安全技术规范》JGJ 162—2008 强制性条文

第5.1.6条 模板结构构件的长细比应符合下列规定：

（1）受压杆件长细比：支架立柱及桁架，不应大于150；拉条、缀条、斜撑等连系构件，不应大于200。

（2）受拉杆件长细比：钢杆件，不应大于350；木杆件，不应大于250。

第6.1.9条 支撑梁、板的支架立柱构造与安装应符合下列规定：

（1）梁和板的立柱，其纵横向间距应相等或成倍数。

（2）木立柱底部应设垫木，顶部应设支撑头。钢管立柱底部应设垫木和底座，顶部应设可调支托，U形支托与楞梁两侧间如有间隙，必须楔紧，其螺杆伸出钢管顶部不得大于200mm，螺杆外径与立柱钢管内径的间隙不得大于3mm，安装时应保证上下同心。

（3）在立柱底距地面200mm高处，沿纵横水平方向应按纵下横上的程序设扫地杆。可调支托底部的立柱顶端应沿纵横向设置一道水平拉杆。扫地杆与顶部水平拉杆之间的间距，在满足模板设计所确定的水平拉杆步距要求的条件下，进行平均分配确定步距后，在每一步距处纵横向应各设置一道水平杆。当层高在8~20m时，在最顶步距两水平拉杆中间应加设一道水平拉杆；当层高大于20m时，在最顶两步距水平拉杆中间应分别增加一道水平拉杆。所有水平拉杆的端部均应与四周建筑物顶紧顶牢。无处可顶时，应在水平拉杆端部和中部沿竖向设置连续式剪刀撑。

（4）木立柱的扫地杆、水平拉杆、剪刀撑应采用40mm×50mm的木条或25mm×80mm的木板条与木立柱钉牢。钢管立柱的扫地杆、水平拉杆、剪刀撑应采用φ48mm×3.5mm钢管，用扣件与钢管立柱扣牢。木扫地杆、水平拉杆应采用对接方式，剪刀撑应采用搭接方式，并应采用铁钉钉牢。钢管扫地杆、水平拉杆应采用对接方式，剪刀撑应采用搭接方式，搭接长度不得小于500mm，并应采用2个旋转扣件分别在离杆端不小于100mm处进行固定。

第6.2.4条　当采用扣件式钢管作立柱支撑时，其构造与安装应符合下列规定：

（1）钢管规格、间距、扣件应符合设计要求。每根立柱底部应设置底座及垫板，垫板厚度不得小于50mm。

（2）钢管支架立柱间距、扫地杆、水平拉杆、剪刀撑的设置应符合第6.1.9条的规定。当立柱底部不在同一高度时，高处的纵向扫地杆应向低处延长不少于2跨，高低差不得大于1m，立柱距边坡上方边缘不得小于0.5m。

（3）立柱接长严禁搭接，必须采用对接扣件连接，相邻两立柱的对接接头不得在同一步距内，且对接接头沿竖向错开的距离不宜小于500mm，各接头中心距主节点不宜大于步距的1/3。

（4）严禁将上段的钢管立柱与下段的钢管立柱错开固定在水平拉杆上。

（5）满堂模板和共享空间模板支架立柱，在外侧周圈应设由下至上的竖向连续式剪刀撑；中间在纵横向应每隔10m左右设由下至上的竖向连续式剪刀撑，其宽度宜为4~6m，并在剪刀撑部位的顶部、扫地杆处设置水平剪刀撑。剪刀撑杆件的底端应与地面顶紧，夹角宜为45°~60°。当建筑层高在8~20m时，除应满足上述规定外，还应在纵横向相邻的两竖向剪刀撑之间增加"之"字斜撑，在有水平剪刀撑的部位，应在每个剪刀撑中间处增加一道水平剪刀撑。当建筑物层高超过20m时，在满足以上规定的基础上，还应将所有"之"字斜撑全部改为连续式剪刀撑。

（6）当支架立柱高度超过5m时，应在立柱周围外侧和中间有结构柱的部位，按水平间距6~9m、竖向间距2~3m与建筑结构设置一个固结点。

8. （住房和城乡建设部31号文）关于实施《危险性较大的分部分项工程安全管理规定》有关问题的通知

当模板工程及支撑体系超过下列规模时，施工单位应当在分部分项工程施工前编制专项方案。

(1) 各类工具式模板工程：包括滑模、爬模、飞模、隧道模等工程。

(2) 混凝土模板支撑工程：搭设高度 5m 及以上；搭设跨度 10m 及以上；施工总荷载 10kN/m² 及以上；集中线荷载 15kN/m 及以上；高度大于支撑水平投影宽度且相对独立无联系构件的混凝土模板支撑工程。

(3) 承重支撑体系：用于钢结构安装等满堂支撑体系。

当模板工程及支撑体系超过下列规模时应组织召开专家论证会：

(1) 工具式模板工程：包括滑模、爬模、飞模、隧道模等工程。

(2) 混凝土模板支撑工程：搭设高度 8m 及以上；搭设跨度 18m 及以上，施工总荷载 15kN/m² 及以上；集中线荷载 20kN/m 及以上。

(3) 承重支撑体系：用于钢结构安装等满堂支撑体系，承受单点集中荷载 7kN 及以上。

9. 《混凝土质量控制标准》GB 50164—2011 强制性条文

第 6.1.2 条 混凝土拌合物在运输和浇筑成型过程中严禁加水。

10. 《地下防水工程质量验收规范》GB 50208—2011 强制性条文

第 4.1.16 条 防水混凝土结构的施工缝、变形缝、后浇带、穿墙管、埋设件等设置和构造必须符合设计要求。

检验方法：观察检查和检查隐蔽工程验收记录。

11. 《砌体结构工程施工质量验收规范》GB 50203—2011 强制性条文

第 4.0.1 条 水泥使用应符合下列规定：

(1) 水泥进场时应对其品种、等级、包装或散装仓号、出厂日期等进行检查，并应对其强度、安定性进行复验，其质量必须符合现行国家标准《通用硅酸盐水泥》GB 175 的有关规定。

(2) 当在使用中对水泥质量有怀疑或水泥出厂超过三个月（快硬硅酸盐水泥超过一个月）时，应复查试验，并按复验结果使用。

第 6.1.8 条 承重墙体使用的小砌块应完整、无破损、无裂缝。

第 6.1.10 条 小砌块应将生产时的底面朝上反砌于墙上。

第 6.2.1 条 小砌块和芯柱混凝土、砌筑砂浆的强度等级必须符合设计要求。

抽检数量：每一生产厂家，每 1 万块小砌块为一验收批，不足 1 万块按一批计，抽检数量为 1 组；用于多层以上建筑的基础和底层的小砌块抽检数量不应少于 2 组。每一检验批且不超过 250m³ 砌体的各类、各强度等级的普通砌筑砂浆，每台搅拌机应至少抽检一次。验收批的预拌砂浆、蒸压加气混凝土砌块专用砂浆，抽检可为 3 组。

检验方法：检查小砌块和芯柱混凝土、砌筑砂浆试块试验报告。

第 6.2.3 条 墙体转角处和纵横交接处应同时砌筑。临时间断处应砌成斜槎，斜槎水平投影长度不应小于斜槎高度。施工洞口可预留直槎，但在洞口砌筑和补砌时，应在直槎上下搭砌的小砌块孔洞内用强度等级不低于 C20（或 Cb20）的混凝土灌实。

抽检数量：每检验批抽查不应少于5处。

检验方法：观察检查。

第8.2.1条 钢筋的品种、规格、数量和设置部位应符合设计要求。

检验方法：检查钢筋的合格证书、钢筋性能复试试验报告、隐蔽工程记录。

第8.2.2条 构造柱、芯柱、组合砌体构件、配筋砌体剪力墙构件的混凝土及砂浆的强度等级应符合设计要求。

抽检数量：每检验批砌体，试块不应少于1组，验收批砌体试块不得少于3组。

检验方法：检查混凝土和砂浆试块试验报告。

第10.0.4条 冬期施工所用材料应符合下列规定：

（1）石灰膏、电石膏等应防止受冻，如遭冻结，应经融化后使用；

（2）拌制砂浆用砂，不得含有冰块和大于10mm的冻结块；

（3）砌体用块体不得遭水浸冻。

2.3 管理规定

（1）创建精品工程应以结构安全可靠、经济、适用、美观、节能环保及绿色施工为原则，遵循PDCA的科学管理方法，应进行工程创优总体策划，做到策划先行，样板引路，过程控制，持续改进。

（2）钢筋工程、模板工程、混凝土工程应对整体布局、关键节点做到深化设计、优化做法、精化成品。梁柱节点复杂部位需要通过BIM进行提前策划。

（3）施工前应编制工程质量计划、施工组织设计、施工方案、技术交底及作业指导书，经审批通过后，方可实施。作业前，对参与施工的有关管理人员、技术人员和工人进行一次技术性的交代与说明，包括设计交底、设计变更及工程洽商交底。

（4）应通过空间控制网及坐标定位法，进行精确测量与定位，精准控制平面位置、各类标高。通过平立面图、三维成像、BIM技术、二维码交底、节点上墙、制作控制要点小卡片等多种手段进行实体质量控制。

（5）钢筋工程、模板工程、混凝土工程各专业所采用的材料、设备应有产品合格证书和性能检测报告，其品种、规格、性能等应符合国家现行产品标准和设计要求，需要进场复试的材料复试合格。

（6）钢筋施工、模板施工、混凝土施工应强化施工过程控制、中间检查及阶段验收，并做好记录。重点做好各工序、工种之间的交接检查。

（7）钢筋安装、连接应对搭接区域、接头范围结合钢筋原材进行综合考虑，便于节材。

（8）铝合金模板施工时，对二次结构、机电预留预埋等进行设计优化，一次结构带出。

（9）混凝土施工，提前熟悉图纸，明确各个施工部位的混凝土强度等级、抗渗等级以及图纸要求的相关混凝土参数，明确浇筑顺序。

（10）混凝土浇筑前，做好柱钢筋定位措施、防污染措施、防质量通病措施、梁柱节点不等强时的分隔措施，钢筋、支撑体系、水电预留预埋验收完成。

（11）混凝土浇筑后及时进行有针对性的养护措施，冬期养护宜涂刷养护液、覆膜，夏期养护宜洒水覆膜，以保持混凝土处于湿润状态为次数控制原则，混凝土结构面平整、无起皮、无裂纹，养护完成后对混凝土强度做好回弹实测实量，确保混凝土强度达到图纸设计要求，并留存记录。

（12）混凝土施工完成后，应对墙柱阳角、楼梯踏步等进行成品保护，板面混凝土强度未达到 1.2MPa 前不得上人。

（13）后浇带、施工缝形成后，及时进行覆盖保护，防止杂物残留。

（14）混凝土冬期测温应成立测温小组，各小组成员会记录并能够单独完成简单的数据统计工作。同时对测温记录进行分析，发现问题及时采取措施。

（15）预应力工程现场应画出预应力筋的曲线坐标，做好预应力专业分包单位与土建施工班组的协调配合工作。

（16）蒸压轻质加气混凝土板施工前应进行排板设计，并绘制相关图纸，以方便配料并减少现场切锯工作量，计算板材和配件数量。墙板板缝处理是一项非常重要的工序，缝隙包括胀缩缝、安装拼缝等，要做好过程控制，重点检查验收。

2.4　深化设计

（1）地下车库卷帘门的过梁一般跨度比较大，提前做好机电综合排布，结构阶段确定好过梁标高和尺寸，随地下室结构一起浇筑，避免二次结构植筋，保证施工质量。

（2）地下车库的设备机房等防火门较多，提前做好机电综合排布，防火门的位置和尺寸均可以和设计沟通调整位置，有些结构门垛不大于 150mm，二次结构不好施工，可以考虑调整位置加大或者取消，方便施工。

（3）提前看好结构图后浇带位置，避开集水坑、人防门等位置，首先优化后浇带位置，结合规范优化与设计沟通，温度后浇带按规范做法用膨胀加强带代替，沉降后浇带可以采用跳仓法施工，通过专家论证，现场组织跳仓施工，取消沉降后浇带。

（4）结构图纸的水电管井的楼板常标注后浇板，待水电管道安装完后浇筑此部位，如有条件提前排布，尽量随结构一次浇筑，做好预留预埋工作。

（5）汽车坡道和门厅位置要认真看一下是否是在回填土上生根，如若在回填土上，提前优化坡道增加基础底板做法，门厅可以考虑增加地梁，避免后期下沉。

（6）梁柱钢筋在放样时需要综合考虑钢筋原材 9/12m 的使用率，避免不必要的浪费，便于节材。

（7）柱放样时综合考虑对梁柱节点进行深化，避免因该部位钢筋密集导致混凝土浇筑困难，柱放样时综合考虑柱封头节点。

（8）门洞口过梁、二次结构墙垛、室外空调板处后砌墙等前期深化，一次结构时施工。

2.5　基础底板

2.5.1　适用范围

适用基础为筏形基础的剪力墙结构或框架结构的施工。

2.5.2 质量要求

（1）钢筋弯折的弯弧内径、弯折平直段长度、钢筋加工形状、接头位置、连接质量、安装数量、位置偏差、搭接长度、锚固长度、间距、排距、保护层厚度符合设计、规范要求。

（2）钢筋安装排布符合要求，合理、均匀、顺直、美观。

（3）筏形基础底板支撑上下铁马凳的间距、规格、材料、形状等应经安全计算软件计算满足安全技术要求。且与上下铁钢筋、定位筋等措施筋安装牢固。

（4）竖向构件等钢筋基础插筋位置准确，固定牢固，插筋锚固长度满足设计、规范要求，且基础插筋成品保护措施到位。

（5）模板安装接缝应严密，模板与混凝土接触面应平整、清洁。

（6）固定在模板上的预埋件和预留孔洞不得遗漏，且应安装牢固。

（7）洞口、积水坑、电梯井模板安装尺寸准确，安装牢固，无变形。

（8）导墙模板安装牢固，垂直度、平整度、截面尺寸等符合规范要求。

（9）止水钢板安装牢固，外漏长度不小于150mm，接缝位置搭接处双面满焊，宜采用镀锌钢板。

（10）施工缝模板安装应牢固，避免出现混凝土跑漏，方便混凝土施工缝剔凿及清理。

（11）基础底板防水导墙砌筑位置准确、顺直，内侧抹面砂浆平整，强度满足要求，无起砂、掉皮。

（12）卷材防水外观质量、品种规格应符合国家现行有关标准要求，卷材及其胶粘剂应具有设计要求的耐水性、耐久性、耐穿刺性、耐腐蚀性和耐菌性。

（13）卷材搭接缝粘（焊）结牢固，密封严密，无皱折、翘边和鼓泡等缺陷；卷材防水层在转角处、变形缝、施工缝、穿墙管等部位做法必须符合设计要求。保护层与防水层结合紧密。

2.5.3 工艺流程

开始→垫层验收、放线→防水导墙施工→放线、防水施工→防水保护层施工→测量、放线、定位→集水坑、承台、地梁等钢筋绑扎→底板下铁钢筋绑扎→基础梁钢筋绑扎→下铁验收→马凳安装→套管预留安装→上铁钢筋绑扎→机电预留预埋→积水坑、电梯井模板安装→墙柱、楼梯插筋→联合验收→基础底板导墙模板安装→后浇带、施工缝模板安装→混凝土浇筑→混凝土养护→模板拆除→结束。

2.5.4 精品要点

1. 防水导墙施工——牢固且圆化

基础底板垫层施工验收完成，导墙线核实无误后宜采用240mm或370mm厚砖胎膜进行导墙施工，导墙高度同基础底板厚度，内侧抹20mm厚水泥砂浆，阴阳角应做成圆弧，筏板厚度较大时导墙设置防倾覆措施（图2.5-1、图2.5-2）。

2. 防水施工——放线铺，分层验

防水卷材弹线铺设，附加层、第一层、第二层每层分层验收，防水卷材搭接宽度、上下层错幅宽度等应符合规范、设计、材料要求。卷材防水施工前应提前进行关键节点防水构造、基层结构找坡、卷材铺设排布等深化，达成精准定位、精确备料、一次成活的目标。基础底板防水基层应清洁、平整，无尘土、起砂、翘皮、尖锐凸起物、明水等。卷材防水层应铺设在混凝土结构的迎水面，卷材与基面、卷材与卷材间的粘结应紧密、牢固（图 2.5-3）。

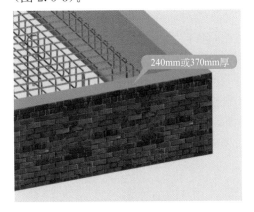

图 2.5-1　防水导墙外侧

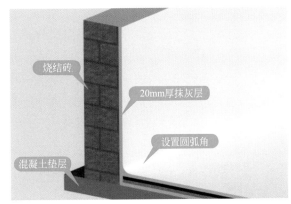

图 2.5-2　防水导墙施工

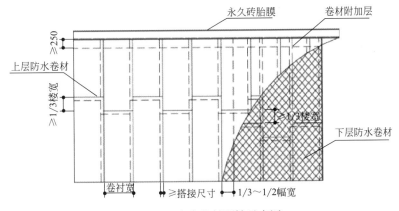

图 2.5-3　防水卷材预铺示意图

3. 防水保护层施工——灰饼控制加保护

施工前，应在防水卷材或隔离层上设置间距不大于 1.5m，高度比防水保护层厚度小约 3mm 的水泥砂浆灰饼，来控制防水保护层的厚度。防水保护层施工过程中应注意对已完成防水的成品保护，导墙上方用泥砌两层灰砂砖保护，分区交界处采用木胶板硬质防水保护层。集水坑、电梯井等坑池部位，细石混凝土防水保护层应在坑池上部约 200mm 范围内用 50mm 厚方钢或方木进行拦槎，边缘部位的防水保护层随坑池侧壁的防水保护层一起施工（图 2.5-4、图 2.5-5）。施工完成后按规定要求养护。

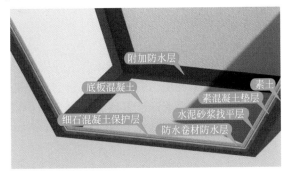

图 2.5-4　集水坑防水附加层示意图

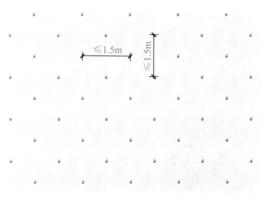

图 2.5-5 防水保护层灰饼布置示意图

4. 测量、放线、定位——弹线布筋

按图纸标明的钢筋间距，算出底板实际需用的钢筋根数，靠近底板模板边的钢筋离模板边，满足设计及迎水面钢筋保护层厚度不小于50mm的要求（图2.5-6）。在垫层上弹出钢筋位置线（包括基础梁钢筋位置线）和插筋位置线（包含剪力墙、框架柱和暗柱等竖向筋插筋位置，并用红色漆对剪力墙、框架柱和暗柱四角进行标识）。剪力墙竖向起止筋距柱或暗柱为50mm，中间插筋按设计图纸标明的竖向筋间距分档（图2.5-7）。

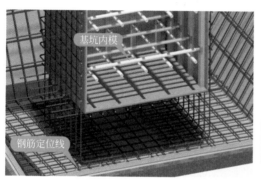

图 2.5-6 基坑钢筋、模板整体示意图

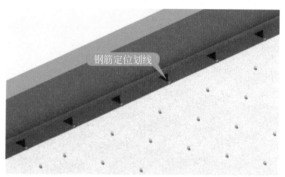

图 2.5-7 钢筋间距划线示意图

5. 集水坑、承台、地梁等钢筋绑扎

对于短基础梁、门洞口下地梁，可事先预制，施工时吊装就位即可，对于较长、较大基础梁采用现场绑扎。

6. 底板下铁钢筋绑扎——先短后长八字扣绑扎，高强垫块梅花状布置

（1）先铺底板下层钢筋，根据设计、规范和下料单要求，决定下层钢筋哪个方向钢筋在下面，一般先铺设短向钢筋，再铺设长向钢筋（如底板有集水坑、设备基坑，在铺底板下层钢筋前，先铺集水坑、设备基坑的下层钢筋）。

（2）根据已弹好的位置线将横向、纵向的钢筋依次摆放到位，钢筋弯钩应垂直向上。平行地梁方向在地梁下一般不设底板钢筋。钢筋端部距导墙的距离应一致并符合相关规定，两端设有地梁时宜使弯钩和地梁纵筋相错开。钢筋接头位置底筋在跨中1/3内连接，起步筋距离墙边50mm。

（3）进行钢筋绑扎时，单向板靠近外围两行的相交点应逐点绑扎，中间部分相交点可相隔交错绑扎，双向受力的钢筋必须将钢筋交叉点全部绑扎，应采用八字扣绑扎。检查底板下层钢筋施工合格后，放置底板混凝土保护层用垫块，采用不低于C20的混凝土垫块，垫块的厚度等于钢筋保护层厚度，间距1000mm梅花状布置。如基础底板或基础梁用钢量较大，摆放距离可缩小（图2.5-8、图2.5-9）。

7. 基础梁钢筋绑扎

基础梁的钢筋节点绑扎应满绑，绑扎丝头统一朝向基础底板内部方向。基础梁交接处

图 2.5-8 双层底板钢筋示意图

图 2.5-9 底板钢筋布置示意图

次梁箍筋按规范要求调整尺寸，使箍筋与主筋贴合紧密（图 2.5-10）。

8. 钢筋直螺纹连接——端平、扣准、红黄蓝

（1）直螺纹接头钢筋加工前，应采用无齿锯对钢筋端部进行切割，以保证端头加工平整，无扭曲、无毛刺；丝头加工时应使用水性润滑液，不得使用油性润滑液。

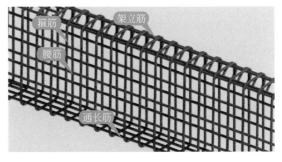
图 2.5-10 基础梁钢筋三维大样图

（2）加工完的直螺纹钢筋丝头应用专用工具进行检查，丝头尺寸应采用专用直螺纹量规检查，通规能顺利旋入并达到要求的拧入长度，止规旋入不得超过 3P。抽检数量 10%，检验合格率不应小于 95%。检查合格后按规格及使用部位分类码放，丝头用塑料帽盖好，加以保护。

（3）钢筋连接时，钢筋的规格与连接套筒规格应一致，并保证钢筋和连接套筒丝扣干净、完好无损；单边外露完整有效丝扣长度不宜超过 1P。

（4）对已检查的接头宜采用"红、黄、蓝"三色漆标识。劳务分包单位质检员应对接头质量逐个自检，检查数量 100%，合格的以蓝点标记；施工单位项目质检员应对自检合格的丝头进行抽查，抽检数量 30%，合格的以黄点标记；监理单位应对施工单位自检合格的接头质量进行检查验收，并抽取 10% 的接头进行拧紧扭矩校核，合格的以红点标记（图 2.5-11）。

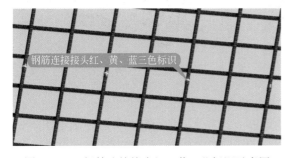
图 2.5-11 钢筋连接接头红、黄、蓝标识示意图

9. 马凳安装——安全验算

基础底板的马凳设置应通过安全计算验算通过，应明确马凳使用的材料、强度、规格、立柱高度、立柱间距、横梁长度，以及马凳的布置间距、相邻马凳连接的搭接间距等。马凳宜支撑在下铁钢筋上，并应垂直于底板上层筋的下筋摆放。

10. 水电安装——定位精准、固定牢靠

在底板及地梁钢筋绑扎完毕后，方可进行水电工序插入。水电安装应考虑混凝土施工过程中的振动、施工人员、机械设备的影响，安装位置应准确、牢固可靠，并做好成品保护措施。防爆地漏安装高度应低于周围地面（建筑完成面）5～10mm，并有1‰的坡度坡向地漏；现场确定地漏位置及标高后，利用钢筋下脚料制作"井"字形辅助钢筋来固定地漏，辅助钢筋应与结构钢筋绑扎牢固，禁止与结构钢筋焊接固定；防护盖板可采用HPB300级钢制造，表面光洁、无毛刺，镀锌或镀铬；地漏与排水管道应按照设计进行防腐，若镀锌层破坏时，应二次镀锌或按设计要求进行刷漆防腐。

11. 上铁钢筋绑扎——横平纵直上下齐

在马凳上摆放纵横两个方向的上层钢筋，上层钢筋的弯钩朝下，进行连接后绑扎。绑扎时上层钢筋和下层钢筋间距相同时，其位置应对正，钢筋的上下次序及绑扣方法同底板下层钢筋。筏板上部钢筋在墙（或暗梁）附近1/4净跨长度范围内连接，距离墙边起步筋50mm。

12. 集水坑、电梯井模板安装——下拉上压

集水坑电梯井的模板尺寸较大，应现场核实结构尺寸，宜进行现场拼装模板后统一进行吊装，模板拼装过程中，应保证模板截面尺寸、对角线尺寸、模板边线顺直度满足规范要求的允许偏差，吊装过程中，应注意校核模板的平面位置、标高位置，保证位置准确。集水坑、电梯井模板安装前应进行水电预留套管安装，安装过程中要求注意预留套管位置及标高。

集水坑、电梯井模板按照施工方案及技术交底要求进行模板主次龙骨的安装，龙骨截面尺寸及间距满足要求，次龙骨间距不宜大于200mm，主龙骨间距不宜大于400mm，模板内支撑宜采用双向顶撑进行加固，内撑应用十字扣件进行连接。模板加固中要求底部与基础底板钢筋拉结，底部采用自制拉钩与下铁拉结，顶部在混凝土浇筑前用模板支架、模板、预制混凝土块进行压重，模板底部设置相应数量的排气孔，排气孔直径不宜大于15mm，防止混凝土浇筑过程中模板上浮（图2.5-12、图2.5-13）。

图2.5-12 集水坑剖面图

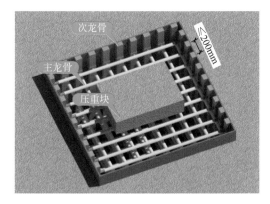

图2.5-13 集水坑平面图

13. 墙柱、楼梯插筋——插筋根部稳固筋、上部定位筋牢靠

插筋前要求将墙体边线标识至筏板上铁钢筋上；将墙、柱预埋筋伸入底板内下层钢筋上，钢筋弯拐的方向要正确，将插筋的弯拐与下层筋绑扎牢固，并将其上部与底板上层筋或地梁绑扎牢固，必要时可附加钢筋进行固定，并在主筋上绑一道定位筋。墙插筋两边距暗柱 50mm，插入基础深度应符合设计和规范对锚固长度的要求，甩出的长度和甩头错开百分比及错开长度应符合本工程设计和规范的要求。墙、柱插筋插入底板或地梁范围内的箍筋不宜少于 2 道且箍筋间距不大于 50mm，墙体上部在筏板上 100mm 处安装水平梯子筋，柱子上部在筏板上 100mm 处安装定距框，保证甩筋垂直，不歪斜、倾倒、变位（图 2.5-14、图 2.5-15）。

图 2.5-14　地下室外墙梯子筋布置示意图

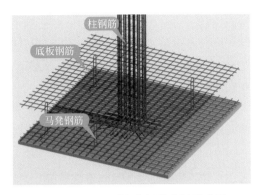
图 2.5-15　地下室柱钢筋布置示意图

14. 基础接地——纵横贯通要通长，搭接长度不小于圆钢直径的 6 倍

（1）根据设计要求的位置、数量、尺寸和主筋的规格，选择需接地连接的底板钢筋（包括接地网格的纵横钢筋），将底板钢筋纵横连接贯通形成接地网。

（2）将设计要求的所有避雷引下线的底部与基础接地网连接成电气通路，每组引下线不少于 2 根柱主筋（图 2.5-16）。

（3）上下两层主筋采用圆钢进行焊接连接，跨接线位于钢筋正上方，双面施焊，搭接长度不小于圆钢直径的 6 倍，焊缝应饱满（图 2.5-17）。

（4）按图纸位置留置测试点，测试阻值不大于设计值。

15. 基础底板钢筋验收——三检制，重成保

为便于及时修正和减少返工量，验收必须分为两个阶段，即：地梁及下网铁完成和上网铁及插筋完成两个阶段。

图 2.5-16　引下线与接地线焊接示意图

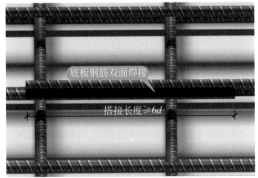
图 2.5-17　底板钢筋双面焊接示意图

（1）分阶段绑扎完成后，对绑扎不到位的地方进行局部调整，然后对现场进行清理，分别报工长进行交接和质检员专项验收。全部完成后，填写钢筋工程隐蔽验收单。

（2）墙柱插筋根部1000mm范围内彩条布包裹保护，防止混凝土污染钢筋。

16. 基础底板导墙模板安装——位置标高准确，安装牢固

（1）将基础底板线用红色油漆标识至底板钢筋上并抄测结构500mm标高线。

（2）按照标高焊接三角支撑（模板下口线、墙体边线、斜支撑），顶部横撑控制导墙截面尺寸。

（3）按照标高焊接热镀锌止水钢板，止水钢板居于墙中，双面焊接且搭接长度不小于50mm、搭接部位满焊，热镀锌止水钢板转角处采用成品阴阳角，焊接焊缝要饱满，不得有夹渣，焊接后要求将焊渣清除。

（4）导墙模板提前按照尺寸进行配模，背楞龙骨采用50mm×70mm钢木龙骨，间距250mm（可根据方案进行适当调整），要在加固完成后整体挂线调直（图2.5-18、图2.5-19）。

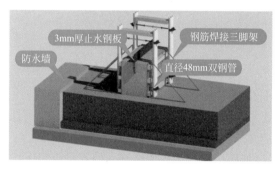

图2.5-18 导墙模板安装示意图

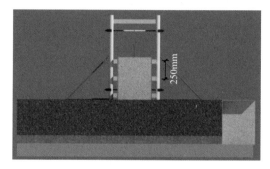

图2.5-19 导墙模板安装剖面图

17. 后浇带、施工缝模板安装——位置准确、拦截牢固

（1）模板验收前，钢筋验收通过，快易收口网准备到位。

（2）基础底板混凝土拦槎采用快易收口网+ϕ12@200mm拦槎。混凝土浇筑完成后，用木胶板覆盖后浇带。

18. 混凝土浇筑——分层连续浇筑，振捣密实，标高精准，表面平整

（1）混凝土浇筑前，将杂物、垃圾清理干净，集水坑、电梯井内的积水抽排干净，钢筋、水电专业验收合格，防污染及水平梯子筋、堵缝均到位。

（2）查验小票施工部位、出厂时间、混凝土强度等级是否与浇筑部位一致。

（3）整体先浇筑集水坑，集水坑部位应分层浇筑，为避免集水坑下部出现孔洞、浇筑不密实，集水坑周边的混凝土应从一侧向另一层浇筑，在另一侧混凝土出现在模板底部后，辅助振捣，让混凝土快速流动，使得模板下面布满混凝土，第一次混凝土浇筑宜浇筑至模板下口往上反200mm左右，即停止集水坑或电梯井的混凝土浇筑，混凝土初凝前，再逐步分层浇筑至设计标高。混凝土基础底板的浇筑，应分层连续浇筑施工，基础底板浇筑时应注意与集水坑和电梯井的距离，防止刚刚浇筑完一层混凝土的集水坑再次流入混凝土，对模板位置造成影响。

（4）分层浇筑、分层振捣，要求振捣要密实。振捣须以混凝土面不再坍陷，不再大量冒泡，表面泛浆为止，一般每处振捣30~40s。使用插入式振动器应快插慢拔，插点要均匀排列，逐点移动，顺序进行，不得遗漏，做到均匀振实。移动间距不大于振动器作用半径的 15 倍（振动棒的作用半径为 30~40cm，则振动棒移动间距一般为 45~60cm）。振捣上一层时应插入下一层 5cm，以消除两层之间的接缝。

（5）混凝土浇筑完成面标高应控制到位，平整度符合设计要求。

19. 混凝土养护——保温保湿控时间

（1）混凝土浇筑完成，收面平整后应及时覆盖一层塑料薄膜保湿，塑料薄膜应与混凝土紧密接触，薄膜搭接宽度不小于 50mm，同时按要求覆盖保温被养护。

（2）混凝土强度达到 1.2MPa，具备上人条件后，根据天气情况及时洒水养护，保证混凝土表面潮湿。混凝土养护的时间不小于 14d。

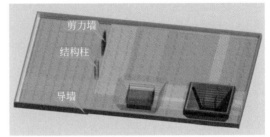

图 2.5-20 基础底板基坑钢筋排布效果图

20. 模板拆除——不伤边角

基础底板模板拆除应不损伤混凝土边角。

2.5.5 实例或示意图

见图 2.5-20~图 2.5-22。

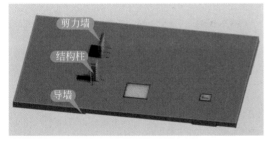

图 2.5-21 基础底板基坑混凝土模板安装效果图

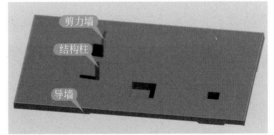

图 2.5-22 基础底板基坑完工效果图

2.6 剪力墙

2.6.1 适用范围

适用于剪力墙结构施工。

2.6.2 质量要求

（1）钢筋进场有产品合格证和出厂检验报告，进场后进行抽样复试，复试合格。钢筋的品种、级别、规格、数量及保护层应满足要求。

（2）模板拼缝严密，垂直度、平整度、洞口尺寸满足验收规范要求。

（3）混凝土坍落度符合要求，分层浇筑，振捣密实，浇筑完成后及时养护。

2.6.3 工艺流程

开始→测量放线→墙体凿毛→钢筋清理、校正→定位筋焊接→接长竖向钢筋并检查接头质量→绑扎竖向及水平梯子筋→绑扎暗柱及门窗过梁钢筋→绑扎墙体水平钢筋→水电管线预留预埋→设置拉结筋及垫块→墙体钢筋验收→墙体模板定位加固→墙体模板最终加固→模板验收→浇筑减石子砂浆→分层浇筑混凝土→墙体模板拆除→混凝土养护→结束。

2.6.4 精品要点

1. 墙体钢筋工程

1）混凝土凿毛——弹线切割凿硬毛

顶板混凝土终凝且强度达到1.2MPa，测量放线完毕后，在墙主边线内3～5mm处弹线，用云石机切割5～10mm深后进行剔凿，剔除软弱层及松动石子，露出密实混凝土；外露钢筋表面灰浆清理干净（图2.6-1）。

2）定位筋焊接——端头平整刷防锈

（1）墙体钢筋定位筋，采用圆盘锯切割，要求端头平整，端头截面垂直于定位筋长度方向，严禁采用钢筋切断机切割定位筋。

（2）墙体定位筋现场焊接在预埋钢筋头上，定位筋两端涂刷防锈漆（图2.6-2）。

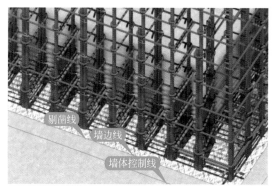
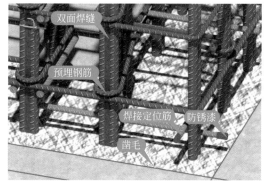

图 2.6-1 剪力墙墙体边线控制效果图　　　　图 2.6-2 定位筋效果图

（3）定位筋长度为墙厚减2mm，根据墙体定位线现场焊接。

（4）墙体定位筋间距：木模板间距1.5m，铝模板间距0.8m。

3）接长竖向钢筋并检查接头质量——三点绑扎莫替代

钢筋采用绑扎搭接时，接头百分率应符合设计要求。当设计无要求时，接头百分率不宜大于50%。钢筋搭接接头范围内，应保证三个绑扣（接头中心和两端）。

（1）竖向梯子筋采用比墙筋高一规格的钢筋制作。绑扎时间距1.2～1.5m，且一面墙不宜少于两道。竖向梯子筋起步筋距地30～50mm。每个梯子筋上、中、下各设一道顶模筋。顶模筋长度为墙厚减2mm。顶模筋端头需磨平并涂刷防锈漆，长度不宜小于10mm。立筋排距根据墙厚及钢筋保护层厚度计算，$b=$墙厚－钢筋两侧水平筋直径－两侧保护层厚度（图2.6-3、图2.6-4）。

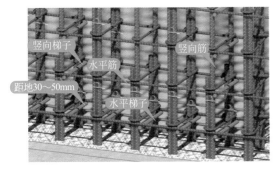

图 2.6-3　水平、竖向梯子筋三维效果图

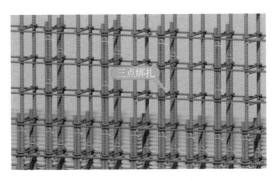

图 2.6-4　三点绑扎模型效果图

（2）水平梯子筋单独设置，不占用原墙体钢筋位置，定位安装在顶板标高以上100mm 处，加强对墙体竖向钢筋的定位控制，防止混凝土浇筑过程中钢筋位移。水平定位筋专墙专用，定尺加工，周转使用。宜采用比墙体水平筋大一规格的钢筋制作。

（3）在墙体预留线盒、电箱部位设置双 F 卡，以控制局部钢筋保护层厚度。双 F 卡制作时，卡子钢筋两端用无齿锯切割，并刷防锈漆。防锈漆应当由端头往里刷 10mm。大模内置外墙外保温处的双 F 卡长度应包含外保温厚度（图 2.6-5、图 2.6-6）。

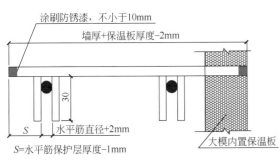

图 2.6-5　双 F 卡大样图

图 2.6-6　双 F 卡三维效果图

2. 水暖预留预埋——精准定位防返工

（1）套管位置准确。

（2）套管预留需考虑后期管道及保温安装空间，尤其有阀门的管道，需考虑阀门安装空间。

（3）套管内防腐需做到位，外部不需作防腐处理。

（4）套管两端与装饰面相平。

3. 电气预留预埋——合理布管省成本

1）避雷引下线及接地装置：

（1）根据设计要求及钢筋的连接方式，选用不同的引下线敷设方式；

（2）防雷引下线的布置、安装数量要符合设计要求；

（3）根据钢筋直径尺寸确定作为引下线结构主筋的数量，并做好标记；

（4）根据图纸位置在外墙部位设置室外测试点，接地电阻不大于设计值。

2）等电位：

（1）依据设计要求预留金属进户管等电位接地扁钢，且直接与接地装置连通。

（2）等电位箱暗装标高准确，预留进出线回路满足设计要求，标识正确。

3）配管：

（1）电管根据不同材质，选用正确的敷设、连接、接地方式。

图 2.6-7　接线盒定位大样图

（2）接线盒预留位置准确，策划排布合理（图 2.6-7）。

（3）人防区域选用接线盒及盖板厚度满足规范要求。

（4）人防密闭套管应提前套丝，将管箍、管堵安装到位，管箍靠墙一侧距离墙体大于5cm，穿线的套管应在两侧采用抗力片进行封堵，管内采用密闭填料封堵。抗力片距离墙体大于5cm，抗力片厚度不得小于8mm。

（5）外墙进户管安装前必须焊接止水钢板，安装内高外低，坡度不小于2％，室内侧做成喇叭口，且施工完毕后需做好防水处理。

4. 墙体模板工程

1）铝模板工程——土建水电齐深化

（1）铝模板在生产前应根据工程情况进行深化设计。如外窗企口深化设计、门洞口过梁及抱框深化设计、薄抹灰深化设计、给水管暗埋深化设计。

① 外窗企口深化设计。

外窗企口随主体结构一次成型，形成天然挡水台，有利于外窗防渗漏效果（图 2.6-8）。

② 门洞口过梁及抱框深化设计。

为减少二次结构施工时门洞口的过梁和两侧抱框的施工量，可根据工程实际情况将过梁以及和主体结构墙相连的抱框深化出来，随主体结构一次浇筑。

③ 薄抹灰深化设计。

如果粗装工程考虑薄抹灰，可在铝模板深化设计时，于主体结构墙与二次结构墙交界处加设5～8mm厚压槽板，混凝土浇筑完成后形成预留抹灰面（图 2.6-9）。

图 2.6-8　企口深化三维模型效果图

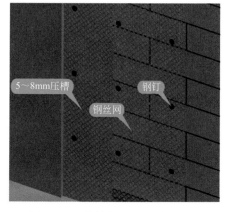

图 2.6-9　薄抹灰深化设计效果图

④ 给水管暗埋深化设计。

如果工程考虑未来卫生间给水管采用暗埋的方式，可以考虑在铝模板深化设计时，给出给水管的精确位置，并在该位置预留一定厚度的压槽。混凝土浇筑完成后即形成预埋管槽。压槽的厚度一般为 15～25mm 之间，并结合具体工程确定（图 2.6-10）。

（2）墙体模板支设——先定位、再加固。

墙柱模板从角部开始安装，使模板保持侧向稳定，然后安装整面墙模。转角 C 槽需紧贴定位筋，保证墙体模板整体定位准确（图 2.6-11）。

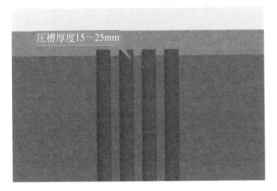

图 2.6-10　给水管暗埋模型效果图

图 2.6-11　铝模整体模型效果图

（3）墙体模板定位。

墙体模板安装完毕后，安装上下两道穿墙螺杆，根据地面控制线调整墙体模板定位，保证尺寸偏差在 5mm 以内；防止顶板模板支设完毕后，墙体模板定位因偏差过大，导致无法调整的现象发生。

（4）梁模板定位安装。

根据地面梁定位墨线，采用激光扫平仪确定梁模板定位，支设梁模板，定位校正无误后，支设顶板模板。

（5）墙体、顶板模板加固。

① 墙体模板剩余螺杆加固，检查垂直度、平整度、墙体定位。

② 墙体两侧对称加设斜撑，斜撑间距 1.5m，斜撑下部采用钢板焊接，防止斜撑位移，可周转使用（图 2.6-12）。

2）木模板工程

（1）墙体模板支设——端头加固子母口，洞口龙骨压缝走

① 墙体端头采用"子母口"形式进行固定，采用足尺顶模棍，保证截面尺寸及成型质量（图 2.6-13、图 2.6-14）。严禁采用墙模包封截面支设模板，容易造成偏移及漏浆。

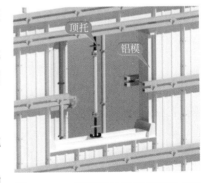

图 2.6-12　门窗洞口模板支设节点图

图 2.6-13　木模 T 形端头模型效果图

图 2.6-14　木模 L 形端头模型效果图

② 梁侧与墙体交界位置不设模板拼缝,将梁侧模板加长 200mm,伸入墙体,上部锁口方木与模板交界位置错开,跨口平整度较好。

(2) 墙体模板定位——精准定位再加固

墙体模板安装完毕后,安装上下两道穿墙螺杆,根据地面控制线调整墙体模板定位,保证尺寸偏差在 5mm 以内;防止顶板模板支设完毕后,墙体模板因定位偏差过大,导致无法调整的现象发生。

(3) 墙体模板加固——定型模板效果好,层间接缝 K 板好

① 墙体模板剩余螺杆加固,检查垂直度、平整度、墙体定位。

② 外墙内侧楼板预埋地锚环,加设斜拉钢丝绳,防止混凝土浇筑过程中外墙模板向外倾斜。

③ 门窗洞口宜采用定型洞口模板,保证门、窗洞口的位置及尺寸准确。模板可拼装、易拆除、刚度好、支撑牢、不变形、不移位。门窗洞口侧面加海绵条防止漏浆,浇筑混凝土时从窗两侧同时进行,避免窗模偏位。窗洞口模板下要设排气孔,防止混凝土浇筑不到位,并避免混凝土表面产生气泡。窗洞口模板宜采用专用定位筋进行固定。窗洞口四面均需设置定位筋,且避免与主筋焊接(图 2.6-15~图 2.6-18)。

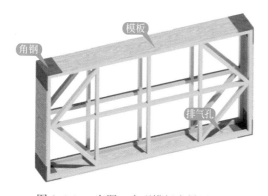

图 2.6-15　窗洞口定型模板大样图 (1)

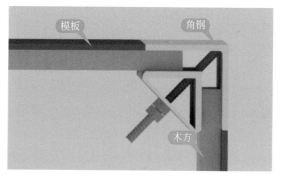

图 2.6-16　窗洞口定型模板大样图 (2)

图 2.6-17 窗洞口定型模板定位钢筋模型图

图 2.6-18 外墙门窗洞口对顶钢管模型图

④ 外墙只做涂料的窗口宜做成企口型，上端宜留出滴水槽，槽端距墙 20mm 为宜。

⑤ 墙体层间接槎。

墙体层间接槎处，在已浇筑墙体顶端应弹线切割剔凿或采取其他措施，如在墙顶模板内侧钉设木条，以保证墙体接槎平整顺直（图 2.6-19、图 2.6-20）。支模前在已浇筑墙体顶部边缘粘贴海绵条，防止漏浆。上部墙体模板夹"老墙"不宜小于 100mm，并使用下层墙体顶部螺杆孔穿对拉螺栓进行加固，防止漏浆。

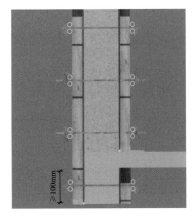

图 2.6-19 层间接缝模板加固措施节点图

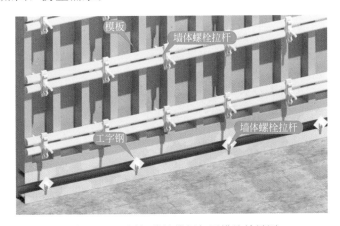

图 2.6-20 层间接缝模板加固措施效果图

5. 墙体混凝土

1）浇筑减石子砂浆

墙柱混凝土浇筑前，先填 5cm 与混凝土同配比的减石子砂浆。

2）分层浇筑混凝土——快插慢拔、直上直下

（1）混凝土分层浇筑，每层厚度不大于 50cm，优先浇筑内墙混凝土，然后浇筑外墙混凝土，防止外墙模板倾斜。

（2）墙体混凝土浇筑过程中，布料机出料口位置加设编织袋，防止布料机移动过程中，少量混凝土撒在顶板。可避免顶板混凝土浇筑完毕后，出现严重色差与裂缝。

3）混凝土养护——及时养护

墙体混凝土强度在达到1.2MPa前，不得拆除墙体模板，墙体模板拆除完毕后，立即滚涂养护液或淋水养护，混凝土表面保持湿润。

2.6.5 实例或示意图

见图2.6-21～图2.6-24。

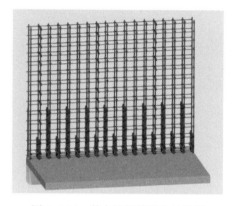

图2.6-21 剪力墙钢筋绑扎效果图

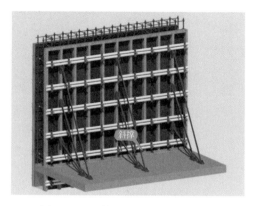

图2.6-22 剪力墙模板安装效果图

图2.6-23 剪力墙混凝土浇筑效果图

图2.6-24 剪力墙成品效果图

2.7 柱

2.7.1 适用范围

适用框架、框-剪结构中框架柱钢筋、模板、混凝土工程。

2.7.2 质量要求

（1）钢筋进场复试屈服强度、抗拉强度、伸长率、重量偏差、反向弯曲；直螺纹连接套筒工艺检验符合图纸设计要求。柱钢筋安装箍筋加密区、非加密区数量、间距、钢筋型号、保护层厚度、搭接锚固长度均符合图纸设计要求，箍筋安装要求水平且避开套筒位置，柱筋与箍筋交界处满绑，严禁跳扣绑扎；沿外封闭箍筋，周边箍筋局部重叠不宜多于两层；拉筋宜同时勾住纵向钢筋和外封闭箍筋；钢筋直螺纹连接要求外露丝扣不超过 2 扣，力矩扳手验收数值符合图纸设计要求。

（2）柱模板安装要求拼缝严密，垂直度、平整度、截面尺寸符合图纸设计要求。柱加固铝模或龙骨、斜撑、可调柱箍加固间距符合方案要求。

（3）混凝土进场验收配合比、坍落度、强度等级、抗渗等级符合图纸设计要求。柱混凝土浇筑前模板下口堵缝严密，防污染及定位措施到位，浇筑中振动棒快插慢拔，避免漏振；浇筑完成后及时覆膜、洒水养护，28d 强度符合图纸设计要求。

2.7.3　工艺流程

开始→测量放线、验线→套柱箍筋→竖向钢筋安装、连接→画箍筋间距线、安装→拉钩、垫块安装→机电预留预埋→柱定位筋焊接→钢筋、机电预留预埋隐蔽验收→模板安装、加固、校正→模板验收→定位框安装→钢筋防污染→混凝土进场检验、浇筑→模板拆除→覆膜、洒水养护→结束。

2.7.4　精品要点

1）测量放线、验线

弹柱边线、500mm 控制线，并进行验线，控制柱截面尺寸及垂直平整度（图 2.7-1）。

2）套柱箍筋——箍筋预安装

箍筋结构面 50mm 起步，按图纸要求间距，计算好每根柱子箍筋数量（注意抗震加密和绑扎接头加密），先将箍筋套在下层的甩槎钢筋上，然后绑扎柱竖向钢筋。柱纵筋在搭接长度内，绑扣不少于 3 个，绑扣朝向柱中心（图 2.7-2）。

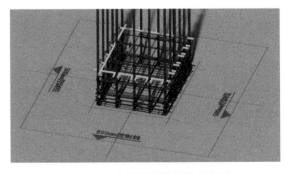 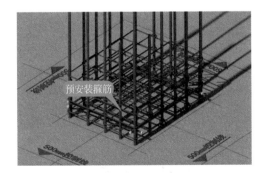

图 2.7-1　柱测量定位放线示意图　　　　　　图 2.7-2　箍筋预安装示意图

3）柱竖向钢筋安装、连接——外露丝扣不超过 1 扣

钢筋连接时，钢筋的规格与连接套筒规格应一致，并保证钢筋和连接套筒丝扣干净、完好无损；单边外露完整有效丝扣长度不宜超过 1P（图 2.7-3）。

4）划箍筋间距线、箍筋安装——控制箍筋间距

画箍筋间距线：在柱竖向钢筋上，按图纸要求用粉笔或石笔画箍筋间距线（或使用皮数杆控制箍筋间距），并注意标识出起步箍筋、最上一组箍筋及抗震加密区分界箍筋。搭

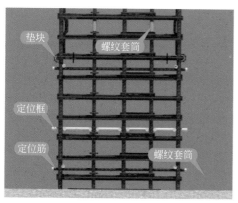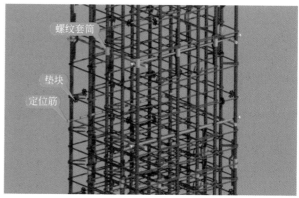

图 2.7-3　直螺纹套筒连接示意图

接区分界箍筋位置，机械连接时应尽量避开连接套筒。

箍筋安装：箍筋安装中间距按照图纸区分加密区、非加密区，要求数量、间距、规格、型号与设计图纸一致。箍筋安装要求呈螺旋状布置，绑扎成型后平整、顺直，与竖向钢筋交接处牢固绑扎。

（1）按已画好的箍筋位置线，将已套好的箍筋往上移动，由上往下缠扣绑扎。

（2）箍筋与主筋垂直且密贴，箍筋与主筋交点应全数绑扎；箍筋弯钩处宜沿柱纵筋顺时针或逆时针方向顺序排布，箍筋转角与纵向钢筋交叉点均应绑扎牢固。

（3）柱纵向钢筋、复合箍筋排布应遵循对称均匀原则；柱复合箍筋应采用截面周边外封闭大箍筋加内封闭小箍筋的组合方式（大箍筋套小箍筋）。内部复合箍筋的相邻两肢形成一个内封闭小箍，当复合箍筋的肢数为单数时，设置一个单肢箍。

（4）沿外封闭箍筋，周边箍筋局部重叠不宜多于两层；柱内部复合箍筋采用拉筋时，拉筋宜同时勾住纵向筋和外封闭箍筋。箍筋对纵筋应满足至少隔一拉一的要求；若在同一组内复合箍筋各肢位置不能满足对称性要求，钢筋绑扎时，沿柱竖向相邻两组箍筋位置应交错对称排布。

（5）纵筋直径小于 16mm 时采用绑扎搭接接长，大于等于 16mm 时采用直螺纹连接。

（6）接头位置距基础顶面的距离大于柱所在楼层的柱净高的 1/3，其他楼层接头位置距其他楼面大于 500mm、柱截面长边尺寸、柱所在楼层的柱净高的 1/6 三者中的最大值，两接头位置相互错开 $35d$。

（7）箍筋与主筋垂直，箍筋与主筋交点均要绑扎牢固，箍筋接头沿柱子竖向交错布置（图 2.7-4、图 2.7-5）。

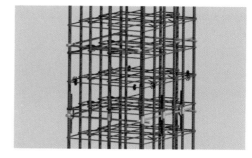

图 2.7-4　加密区柱箍筋绑扎示意图　　　　图 2.7-5　非加密区柱箍筋绑扎示意图

5）拉钩、垫块安装——控制钢筋保护层

拉钩按照柱节点图纸设置，拉钩两末端要求135°，柱垫块一般平行布置即每侧两排，分别距柱主侧边100~200mm，竖向间距500~800mm（图2.7-6、图2.7-7）。

图2.7-6　定位筋、垫块安装示意图

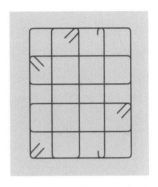

图2.7-7　箍筋平面示意图

6）机电安装——预留、预埋

（1）避雷引下线：

① 根据设计要求及钢筋的连接方式，选用不同的引下线敷设方式；

② 防雷引下线的布置、安装数量要符合设计要求；

③ 根据钢筋直径尺寸确定作为引下线结构主筋的数量，并做好标记（图2.7-8）。

（2）配管：

① 电管根据不同材质，选用正确的敷设、连接、接地方式；

② 接线盒预留位置准确，策划排布合理；

③ 人防区域选用接线盒及盖板厚度满足规范要求（图2.7-9）。

图2.7-8　预埋模板定位钢筋示意图

图2.7-9　预埋接线盒安装示意图

7）柱定位筋焊接——控制柱截面尺寸成型

定位筋焊接，要求定位筋尺寸厚2mm，端部刷10mm防锈漆。定位筋在柱四角设置，要求在浇筑顶板前预埋焊接钢筋，严禁焊接主筋。

8）模板安装、加固、校正——柱箍加固，减少截面打孔

柱加固采用柱箍间距与方案保持一致，柱子边长大于或等于900mm时，木模板应加

设穿柱对拉螺栓，以保证柱截面尺寸。为避免漏浆，柱内加塑料套管，螺栓端头加设塑料堵头。梁柱节点、柱墙节点等模板，应确保尺寸准确，棱角顺直，接缝平整，垂直度、平整度均在规范允许偏差范围内（图 2.7-10）。

9）定位框安装——控制钢筋骨架尺寸，柱钢筋均匀排布

制作钢筋定位卡具，可刷黄色漆标识。柱模板验收合格后，在距离楼面标高 300mm 处安装，并与主筋绑扎牢固，预防钢筋位移，控制钢筋骨架尺寸，排布均匀。混凝土浇筑后取出定位卡具循环使用（图 2.7-11）。

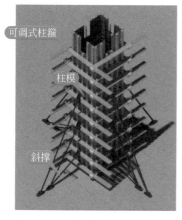

图 2.7-10　柱模板加固示意图　　　　图 2.7-11　定位框安装示意图

10）混凝土进场检验、浇筑——分层浇筑

查验小票施工部位、出厂时间、混凝土强度等级是否与浇筑部位一致。

（1）墙根、柱根模板应平整、顺直、光洁，标高准确。在梁板浇筑时，沿柱外侧 300mm 内用铁抹子抹平，偏差不大于 3mm。为防止少量渗浆，应在模板底部加贴海绵条，海绵条宽度以不小于 30mm 为宜，粘贴海绵条距模板内边线 2mm，使其被模板压住后与模板内边线齐平，防止海绵条浇入混凝土内。不得用砂浆找平或用木条堵塞。

（2）杂物、垃圾清理，钢筋验收合格，防污染、定位措施、堵缝均到位，对模板洒水润湿。

（3）应采用分层浇筑法，第一层浇筑高度用标杆尺严格控制在 500mm，每次浇筑高度用标杆尺严格控制，不应超过 500m。上层浇筑时，振动棒应深入下层 50mm 以下振捣，快插慢拔，把控振捣时间，增加层间的密实度。振动棒必须均匀地分布开，保证不漏振。同时设置看筋人，防止纵筋移位及污染。

（4）柱头施工缝留设位置准确，确保柱头施工缝剔凿完成后比梁底高 5mm。

（5）柱混凝土设计强度比梁、板混凝土设计强度高两个等级及以上时，应在交界区域采取钢板网分隔措施；分隔位置应在低强度等级的构件中，且距高强度等级构件边缘不应小于 500mm。

11）模板拆除——无缺棱掉角现象可拆除

试拆模无缺棱掉角现象方可拆模。

12）覆膜、洒水养护——洒水、覆膜养护

达到初凝后进行（非冬期）洒水、覆膜养护或者（冬期）晚拆模养护。

2.7.5　实例或示意图

见图 2.7-12～图 2.7-15。

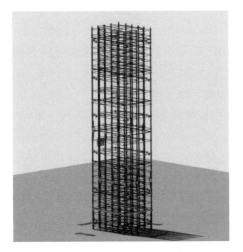

图 2.7-12　柱钢筋绑扎示意图

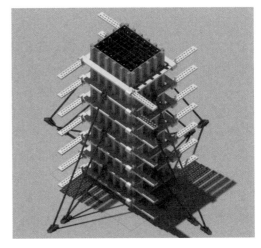

图 2.7-13　柱模示意图

图 2.7-14　柱混凝土浇筑完成示意图

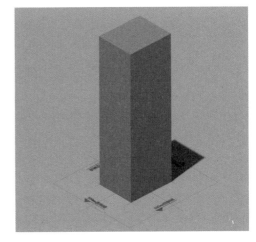

图 2.7-15　柱示意图

2.8　顶板、梁

2.8.1　适用范围

适用于剪力墙结构或框架结构的顶板、梁的混凝土构件施工。

2.8.2　质量要求

（1）模板和支撑须经设计和验算后方可施工，顶板支设体系立杆高度、水平竖向支撑横纵间距、水平竖向剪刀撑布置符合模板施工方案要求。

（2）模板在支设前，要按图纸尺寸对工程的支模部位做拼装小样方案，确定模板的拼装方法，配合相应的加固系统，保证刚度、强度及稳定性，并且保证梁柱节点位置不漏浆、不产生错位，梁接槎处平整。顶板结构铺设模板前预留沉降量，施工中模板拼缝处内贴海绵条，防止漏浆。

（3）支模前应先根据设计图纸弹出模板边线及模板的控制线，检查和验收通过这些相对应控制点的连线。

（4）梁、降板位置准确、标高准确，主次梁高差准确、交叉角度准确。

（5）清扫口留设位置、数量准确，梁柱节点模板阴阳角拼缝位置正确、美观、平整、无缺棱掉角、无缝隙。

（6）梁、板起拱高度符合规范和设计要求，梁、板模板表面清洁，预留洞尺寸位置准确、无破损破洞，模板拼缝严密、无错台。

（7）梁模板尺寸正确，侧帮模板垂直度准确，梁、板模板支撑牢固，侧帮模板加固牢固。模板的接缝和错位不大于 2.0mm。

（8）钢筋位置及标高准确，排布合理，锚固长度符合要求。箍筋数量及位置准确，节点区框架柱上下箍筋及框架梁两侧箍筋距离节点区 50mm。

（9）柱、墙混凝土设计强度比梁、板混凝土设计强度高两个等级及以上时，应在交界区域采取分隔措施；分隔位置应在低强度等级的构件中，且距高强度等级构件边缘不应小于 500mm；宜先浇筑高强度等级混凝土，后浇筑低强度等级混凝土。

（10）梁、板混凝土振捣充分，确保混凝土密实，顶标高应准确，板厚控制应符合图纸规范要求。

（11）板混凝土浇筑完成后需进行收面、抹光或拉毛处理，墙柱根部 200mm 范围内进行压光处理。

（12）顶板后浇带采用独立的支撑体系，与主体架体一起搭设，主体模板拆除时后浇带部分架体不拆，模板就不受影响，从而保证后浇带两侧沉降一致，后浇带浇筑后无错台、下沉、漏浆现象。

（13）水平构件拆模应考虑到施工荷载的作用，上层混凝土水平构件强度达到要求后，方可拆模。

2.8.3 工艺流程

开始→顶板支撑力学计算、模板排板→梁线、立杆布置点位→按照方案确定纵横间距步距→梁底模板支设→顶板模板支设（含降板）→梁两侧模板支设→梁底清扫口留设→梁、顶模板清理→梁钢筋间距位置线弹线→梁、柱节点及梁钢筋绑扎→梁底垫块安装→顶板铁纵横钢筋间距位置弹线→顶板铁纵横钢筋绑扎→预制加工管撤弯→测定盒、箱位置→固定盒、箱→管路连接→变形缝处理→接地处理→马凳安装→板上铁纵横钢筋绑扎→板底垫块安装→梁、板钢筋清理、洒水→联合验收→混凝土核验小票、坍落度→梁柱节点部位混凝土分层浇筑、振捣→梁混凝土分层浇筑、振捣→顶板分层浇筑、振捣→标高检测→收面压光、拉毛→混凝土养护→结束。

2.8.4 精品要点

1. 梁截面尺寸定位——放线定位

在顶板上弹出梁截面尺寸控制线，通过控制线对梁进行定位，支设梁底模板。

2. 顶板支撑架搭设

1）后浇带独立支撑——支撑龙骨模板均断开

顶板支撑体系首先考虑后浇带独立支撑位置，顶板支撑搭设前在后浇带区域用自喷漆提前画出立杆、龙骨位置进行提前搭设，占住独立支撑位置，主龙骨、次龙骨、木胶板均与顶板梁支撑体系分别断开支设，后浇带主龙骨平行于后浇带方向，次龙骨垂直于后浇带方向，以保证后浇带模板龙骨与非浇带模板龙骨断开。先搭设后浇带支撑，再由后浇带两侧分别向两侧搭设支撑，要求后浇带支撑与顶板支撑断开（图2.8-1、图2.8-2）。

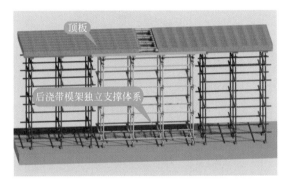
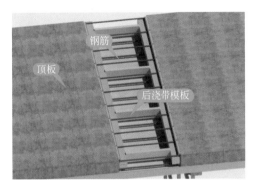

图2.8-1 后浇施工带模板独立支撑体系示意图　　　　图2.8-2 后浇施工带大样图

2）顶板支撑体系搭设——可靠、稳固

按照方案布置立杆横杆间距、水平及竖向剪刀撑，要求立杆下垫通长脚手板。先搭设梁底支撑再搭设顶板支撑，支撑体系自由端高度不超600mm，U托自由长度不超250mm。顶板、梁主龙骨采用50mm×70mm钢木龙骨，间距同立杆间距，次龙骨采用50mm×50mm钢木龙骨，中距200mm。按照标高铺设梁底及梁侧模板再进行顶板模板铺设，要求在梁底设置清扫口（图2.8-3～图2.8-8）。

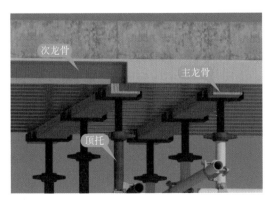

图2.8-3 模架顶托布置示意图　　　　图2.8-4 模架横向剪刀撑布置示意图

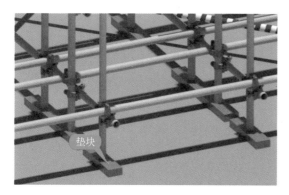

图 2.8-5 立杆下垫板布置示意图

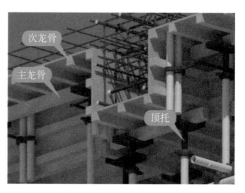

图 2.8-6 梁底主、次龙骨布置示意图

图 2.8-7 模板排布示意图

图 2.8-8 顶板钢筋排布示意图

3）模板铺设——拼缝严密，起拱不忘

按照顶板排板图进行顶板模板支设，要求在梁底梁帮、阴阳角处均粘贴海绵条。

对于跨度不小于 4m 的现浇钢筋混凝土梁、板，其模板要按设计要求起拱；当设计无具体要求时，起拱高度宜为跨度的 1/1000～3/1000。起拱方法：先按照墙体上和柱上弹好的标高控制线和模板标高全部支好模板，然后将跨中的可调支托向上调动丝扣，调到要求的起拱高度，在保证起拱高度的同时还要保证梁的高度和板的厚度。

4）布料机位置加固——立杆加密节点补强

合理设置布料机的具体位置，本工程采用作用半径为 12m 的布料机，机座配用四个伸缩腿作支撑，尽量将支撑腿放于剪力墙、楼板梁上部。先在布料机下部 4.8m×4.8m 范围内按照间距 0.6m、步距 1.2m 加密支撑架，加密区的水平杆应向非加密区延伸至少两跨，非加密区立杆、水平杆间距应与加密区间距互为倍数。支撑架搭设完成后，在布料机支撑腿位置放置 500mm×500mm×50mm 的木垫板，才可将布料机吊运上楼，并按要求安放平稳。

5）梁钢筋绑扎——顺序不乱

梁筋在梁底模板支好后绑扎，绑扎时先将主筋底筋摆好，再摆次梁筋，然后摆主筋面筋，并套好箍筋，且逐段绑扎成型。绑扎时应注意箍筋开口叠合处，应交错摆放，不得只向一个方向开口（图 2.8-9、图 2.8-10）。

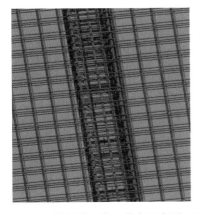
图 2.8-9　梁钢筋安装、排布示意图（1）

图 2.8-10　梁钢筋安装、排布示意图（2）

　　框架梁上部纵向钢筋应贯穿中间节点，下部纵向钢筋伸入中间节点锚固长度及伸入中心线长度符合设计要求。框架梁纵向钢筋在端节点的锚固长度也要符合要求。

　　梁箍筋间距按图纸要求设置，计算好每根梁的箍筋数量，从支座边 50mm 起线，箍筋的弯钩叠合处沿梁的上部主筋交错布置，并绑扎牢固梁箍筋四角套扣。

　　梁两侧腰筋绑扎时，同时勾住腰筋与箍筋。当梁侧向拉筋多于一排时，相邻上下拉筋应错开绑扎（图 2.8-11）。

　　加密范围从柱边开始，一级抗震等级的框架梁箍筋加密长度为 2 倍的梁高，二、三、四级抗震等级的框架梁箍筋加密长度为 1.5 倍的梁高，且均要满足大于 500mm，如果不满足大于 500mm，按 500mm 长度进行加密（图 2.8-12）。

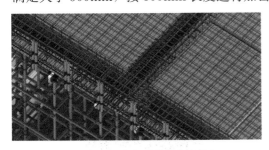
图 2.8-11　梁拉钩绑扎效果图

图 2.8-12　梁箍筋加密区绑扎效果图

　　当梁上开洞直径≤300mm 时，设置加强措施；当梁上开洞直径≥300mm 时，应符合图集及设计要求。

　　6）梁、柱钢筋节点——钢筋排布精准、位置准确

　　（1）梁柱同宽或梁与柱一侧平齐时，梁外侧纵向钢筋按 1∶6 缓斜向弯折排布于柱外侧纵筋内侧，梁纵向钢筋弯起位置箍筋应紧贴纵向钢筋。

　　（2）在绑扎节点处平面相交叉、底部标高相同的框架梁时，可将一方向的梁下部纵向筋在支座处按 1∶12 缓斜向弯折排布于另一方向的梁下部同排纵向钢筋之上，梁下部纵向钢筋保护层厚度不变。在梁下部纵向钢筋弯起位置箍筋应紧贴纵向钢筋，并绑扎牢固。

　　（3）当梁上部（或下部）纵向钢筋多于一排时，其他排纵筋在节点内的构造要求与第一排纵筋相同。

（4）节点内锚固或贯通的钢筋，当钢筋交叉时，可点接触，单节点内平行的钢筋不应线状接触，应保持最小净距（25mm 和钢筋直径中较大值）。

（5）框架顶层节点外角需设置附加钢筋。角部附加钢筋应与柱箍筋及柱纵筋可靠绑扎。

（6）梁的主筋连接采用直螺纹连接，当钢筋直径大于等于 16mm 时，采用直螺纹连接。同一截面内接头率不得大于 50%，对于直径小于 16mm 的钢筋可采用绑扎搭接接头，梁内纵向受力钢筋，底筋一般应在支座内锚固或连接，或在靠近支座的 1/3 范围内连接。面筋应在跨中 1/3 范围内连接。

7）梁侧模固定——梁模板压帮

梁侧模支设时，阴角及阳角必须配置一根通长钢木龙骨，其余部位龙骨间距不大于 200mm；根据梁截面高度确定拉结螺杆数量，当梁截面净高大于 500mm 时，梁侧面必须设置拉结螺杆，截面高度大于 1000mm 时，设置不少于 2 排拉结螺杆（图 2.8-13）。

图 2.8-13　梁侧模固定安装效果图

8）梁、柱接头——清扫口（图 2.8-14、图 2.8-15）

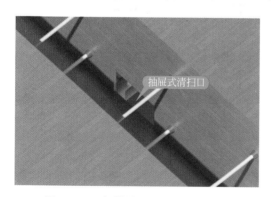

图 2.8-14　侧模抽屉式清扫口示意图　　　　　图 2.8-15　底模抽屉式清扫口示意图

梁柱接头位置的处理是模板施工的关键，所以在用多层板拼装梁柱头模板时，应将接头处梁模接缝处理好，可与梁侧模拼接。模板可在梁的跨中或支座处留清扫口，在跨中留清扫口的，从梁两端开始向中间清扫模内杂物，在支座留清扫口的，从另一支座开始向该支座清扫。一般长梁在跨中留清扫口，短梁在支座留清扫口。

9）顶板钢筋控制重点——划线布筋垫块梅花

在顶板模板上弹出钢筋的分档线，并排放下层钢筋，间距均匀，绑成八字扣，要求满

图 2.8-16 垫块布置效果图

绑。板底筋要过墙体、梁中线且不小于 $5d$；按 600mm 的间距呈梅花形布置混凝土垫块，垫块要求横向、纵向和斜向都在一条线上；顶板马凳采用成品马凳，马凳有效高度"$H=$板厚－上下保护层厚度－下铁钢筋直径－上铁钢筋直径"。板面在混凝土浇灌之前必须作一次彻底检查，若有垫块遗漏、漏绑或少放、错放钢筋等现象必须及时补救（图 2.8-16）。

10）预留洞口——位置精准

楼板内放线孔、泵管洞等预留洞口采用定型模板，周转使用；洞口采用倒四棱台形，便于后期封堵（图 2.8-17、图 2.8-18）。

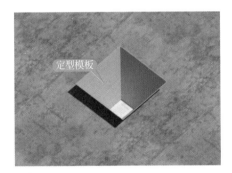

图 2.8-17 楼板预留洞口示意图

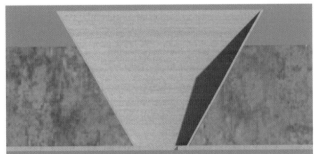

图 2.8-18 放线洞口定型模板效果图

11）顶板预留套管——套管牢固

采用 UPVC 套管或成品套管，用宽透明胶将 UPVC 套管上口密封。将 UPVC 套管按平面定位尺寸放置在顶板模板上，并用自攻螺钉均匀地钉在套管周围，再用双股火烧丝将套管十字交叉固定在自攻螺钉上。将顶板筋扳弯曲绕过套筒（图 2.8-19）。

12）电管混凝土楼板暗敷设——电管留置准确

根据设计图纸及策划排布，以土建弹出的

图 2.8-19 顶板预留套管示意图

水平线、标高线为基准，找平找正，先标出盒、箱的实际安装位置后再排布管路走向。

暗配管埋设深度与建筑物、构筑物表面的距离不应小于 15mm；消防管路不小于 30mm；弱电管路不小于 25mm。

管路采用绑扎丝进行固定；直线段固定间距不超过 1m，距离盒箱及弯头 150～300mm 应设置固定点；严禁管路之间、管路与钢筋之间采用点焊固定。

暗配管线并列敷设时间距不宜小于 25mm（图 2.8-20）。

13）顶板、梁混凝土浇筑及养护方法

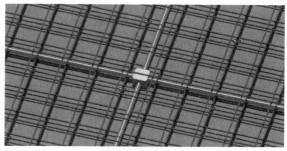

图 2.8-20　电管混凝土楼板暗敷示意图

（1）梁板同时浇筑时由一端开始用"赶浆法"，即先浇筑梁，根据梁高分层浇筑成阶梯形，当达到板底位置时再与板的混凝土一起浇筑，随着阶梯形不断延伸，梁板混凝土浇筑连续向前进行；板类构架采用钢筋制作可周转三脚架控制板厚，间距小于等于 2m 呈梅花形布置于楼板板面；在顶板混凝土浇筑后，要加强顶板在墙柱根部 200mm 范围内的混凝土二次压面，用木抹子将墙柱根部拉线找平压光，墙体两边及柱四周高度保持一致。

（2）柱与梁、板混凝土强度等级不同时，需先进行竖向结构高强度等级混凝土的施工，在柱周围梁、板内需设置分隔措施，分隔措施位置距高强度等级构件边缘不应小于500mm（图 2.8-21）。

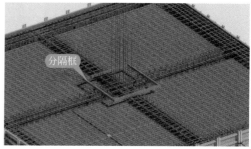

图 2.8-21　柱与顶板梁混凝土强度等级不等设置分隔措施示意图

（3）对于混凝土浇筑面，尤其是平面结构，宜边浇筑成型边采用塑料薄膜覆盖保湿。塑料薄膜应紧贴混凝土裸露表面，塑料薄膜内应保持有凝结水；混凝土养护宜从初凝后开始养护，浇水养护的次数应根据天气情况确定，以保持混凝土处于湿润状态为次数控制原则。

14）混凝土拆模要求——梁板跨度

顶板混凝土必须达规范规定所需拆模强度方可拆模，混凝土拆模强度的确定必须根据同条件的混凝土试块来确定，具体要求如下：

（1）板的结构跨度小于等于 2m 时，拆模强度为设计强度的 50%；板的结构跨度大于2m 小于等于 8m 时，拆模强度为设计强度的 75%；板的结构跨度大于 8m 时，拆模强度为设计强度的 100%。

（2）梁的结构跨度小于等于 8m 时，拆模强度为设计强度的 75%；大于 8m 时，拆模强度为设计强度的 100%。

（3）悬臂构件拆模强度为设计强度的100%。

2.8.5 实例或示意图

见图 2.8-22～图 2.8-27。

图 2.8-22 梁支模架效果图

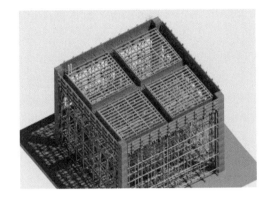

图 2.8-23 板支模架龙骨排布效果图

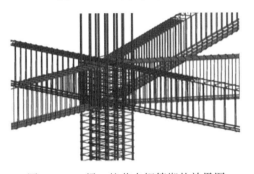

图 2.8-24 梁、柱节点钢筋绑扎效果图

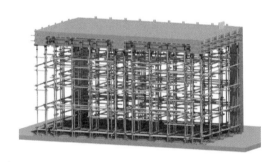

图 2.8-25 梁、板支模架剖面效果图

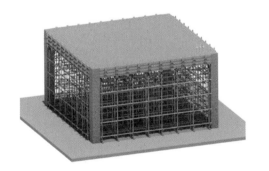

图 2.8-26 梁、板支模架整体效果图

图 2.8-27 梁、板钢筋绑扎整体效果图

2.9 楼梯

2.9.1 适用范围

适用于采用开敞式梯段木模板、铝合金模板支设的现浇混凝土的楼梯施工。

2.9.2 质量要求

1. 钢筋

钢筋安装时，受力钢筋的品种、型号、规格、数量及搭接符合设计和规范要求；受力钢筋的安装位置、锚固方式符合设计要求。绑扎钢筋网长宽允许偏差±10mm，保护层厚度±3mm，钢筋弯起点位置20mm，预埋件中心线位置5mm。

2. 模板

模板拼缝严密，模板内不应有杂物、积水或冰雪；隔离剂的品种和涂刷方法应符合施工方案要求。模板安装偏差符合国家规范、标准要求。现浇结构模板安装允许偏差应符合规定：轴线位置允许偏差5mm，楼梯相邻踏步高差±5mm，相邻模板表面高差2mm，表面平整度偏差5mm。为保证铝合金楼梯模板不发生变形，在踏步模板上侧及底部一般使用背楞进行加固，其底部使用单支撑保证楼梯不偏移、不变形。

3. 混凝土

现浇楼梯结构的外观质量不应有严重缺陷及一般质量缺陷。楼梯相邻踏步高差不大于±6mm。

2.9.3 工艺流程

开始→模板拆除→深化设计→抄平弹线→立支撑→安装主龙骨→安装次龙骨→铺斜板模板及平台模板→模板验收→梁、板钢筋绑扎→钢筋验收→踏步模板安装→混凝土浇筑→模板拆除→结束。

2.9.4 精品要点

1）深化设计：楼梯踏步需结合装饰面层做法厚度预留上、下跑楼梯立面错开尺寸；铝合金模板需提前进行组合拼接方案设计。

2）抄平弹线：按照图纸在楼板上放出踏步起跑位置线，梯梁与梯柱位置线，并在周边设置200mm控制线及模板边线。

3）立柱支撑：根据立杆间距在楼面铺设垫板及支撑立杆，斜板及平台板底支撑架体为脚手钢管，平台支撑顶部配可调顶托。斜板下部距踏步边缘向内100mm设立杆，排距按照楼梯斜板宽度设置。

4）铺斜板模板及平台模板：楼梯踏步的板底模板采用多层板模板，次龙骨采用方木，主龙骨采用钢管或方木（图2.9-1、图2.9-2）。

图2.9-1 楼梯模板搭设示例图（1）

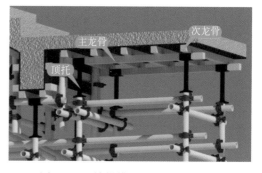

图2.9-2 楼梯模板搭设示例图（2）

5）板梁钢筋绑扎：在楼梯底板上划主筋和分布筋的位置线，根据设计图纸中主筋、分布筋的方向，先绑扎主筋后绑扎分布筋，每个交点均应绑扎；接头位置、保护层厚度符合规范要求。

6）踏步模板安装：在踏步模板加工时减少 15mm，在踏步底部钉设一道 15mm 厚模板，模板突出踏步 30mm，待混凝土浇筑时，其收光与突出 30mm 模板下皮平齐（图 2.9-3）。考虑踏步模板施工缝的留置位置，踏步模板要高出本楼层至少三个踏步（图 2.9-4）。

图 2.9-3 楼梯梯段木模板搭设示例图　　　图 2.9-4 楼梯梯段预留装修做法示例图

7）铝合金楼梯模板包括踏步模、底模、底龙骨、墙模、楼梯侧模（狗牙模）、侧封板等组成部分，安装顺序为：

深化设计→抄平弹线→安装楼梯侧墙底部 K 板及侧墙板→安装楼梯底部阴角板→安装楼梯底部龙骨及底部面板→安装楼梯侧墙板→安装楼梯狗牙模→楼梯钢筋绑扎→安装楼梯踏步板→楼梯加固→混凝土浇筑→模板拆除。

为保证浇筑后效果，踏步不做盖板，踏步与墙体交接处设置侧模，相应墙体模板设置成斜板。楼梯底部应设置底部龙骨（图 2.9-5～图 2.9-8）。

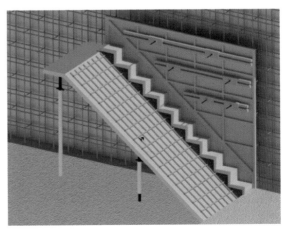

图 2.9-5 楼梯加固安装示意图（1）　　　图 2.9-6 楼梯加固安装示意图（2）

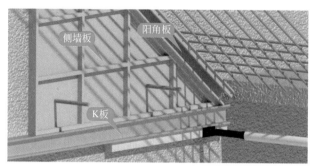

图 2.9-7　楼梯底部阴角安装示意图

图 2.9-8　楼梯底部模板安装示意图

8）混凝土浇筑前需检查的项目：

（1）浇筑混凝土时所有模板应清洁且涂有专业合格隔离剂。

（2）确保模板按放样线安装。

（3）检查全部开口处尺寸是否正确并无扭曲变形。

（4）检查全部水平模的水平度。

（5）保证支撑钢管是垂直的，并且支撑钢管没有垂直方向上的松动。

（6）检查背楞安装是否正确、牢固。

（7）检查对拉螺杆、销子是否保持原位且牢固。

（8）把剩余材料及其他物件清理出浇筑区。

9）混凝土浇筑期间的维护：

（1）混凝土浇筑期间至少要有两名操作工随时待命于现场，检查正在浇筑的模板两边的销子及对拉螺杆的连接情况。

（2）销子或对拉螺杆滑落会导致模板的移位和模板的损坏，受到这些影响的区域需要在拆除模板后修补。

图 2.9-9　楼梯梯段预留装修做法示例图

10）混凝土采用插入式振动器振捣，梯段选用坍落度较小的混凝土，从下至上浇筑。混凝土养护时间不少于 7d，混凝土浇筑完毕后，在初凝前宜立即进行覆盖或喷雾养护工作，塑料薄膜覆盖养护时，混凝土全部表面应覆盖严密，冬期施工时按热工计算进行覆盖棉毡养护，养护期内混凝土表面应始终保持温热潮湿状态（图 2.9-9）。

11）模板拆除：

（1）拆除模板时，根据自身工程项目的具体情况、混凝土不粘模及相关规范决定拆模时间。

（2）拆除墙模板之前保证以下部分已拆除：所有钉在混凝土板上的垫木、横撑、背楞、模板上的销子和楔子。在外部和中空区域拆除销子和楔子时要特别注意安全问题，另外注意销子和楔子的保存。

（3）墙模板应该从墙头开始，拆模前应先抽取对拉螺杆。

（4）外墙脚手架必须封闭，确保铝模板操作工人安全。外墙拆除对拉螺杆及相关配件必须全部放在结构内，防止高空坠物。

（5）拆除顶模时的特别注意事项：顶模拆除时，每次每块模板都需用人先拖住模板，再拆除销钉，模板往下放时，应小心轻放，严禁直接将模板坠落到楼面。

（6）拆除工作从拆除板梁开始，拆除销子和其所在的板梁上的梁模连接杆，紧跟着拆除板梁与相邻顶板的销子和楔子，然后可以拆除梁底板。

（7）梁底模拆除应按照跨度由小到大的顺序进行，总体按照卫生间、厨房、客餐厅、次卧、主卧、电梯前室、公共走道。

（8）拆除楼顶板、梁顶板时，严禁碰动支撑系统的杆件，严禁拆除支撑杆件后再回顶。支撑系统要确保板底三层，梁底三层。

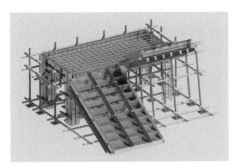

图 2.9-10　铝模楼梯支设效果图

2.9.5　实例或示意图

见图 2.9-10、图 2.9-11。

图 2.9-11　木模楼梯支设效果图

2.10　施工缝处理

2.10.1　适用范围

适用于现浇结构底板、梁、板、柱、墙结构构件施工缝处的处理，包括剔凿、防水、模板、混凝土浇筑等工序的施工及措施。

2.10.2 质量要求

（1）施工缝的留置位置符合设计或规范规定，设置在结构受剪力较小和便于施工的部位。

（2）在施工缝处继续浇筑混凝土时，已浇筑的混凝土抗压强度不应小于1.2MPa。施工缝面作凿毛处理，露出坚硬的石子。缝面清洗洁净，无积水，无积渣杂物。

（3）地下室底板和外墙施工缝须在缝中埋设止水钢板，竖缝处设置钢板网或快易收口网阻挡混凝土。

（4）中埋式止水带中心线应与施工缝中心线重合，止水带应固定牢靠、平直，不得有扭曲现象，施工缝处混凝土表面应密实、洁净、干燥。

2.10.3 工艺流程

开始→定位放线→钢筋安装、模板安装→止水钢板安装→施工缝支模封堵→混凝土浇筑→拆模、剔除、清理→缝面处理验收→支模、混凝土浇筑及后续施工→结束。

2.10.4 精品要点

1. 施工缝埋设止水钢板

地下室底板、外墙、车库顶板等涉及防水位置所留设的施工缝须在缝中埋设止水钢板，止水钢板的开口朝向迎水面，两块钢板接头处采用双面焊接，钢板搭接不少于20mm，转角尽量采用成品整折板或丁字形焊接（图2.10-1、图2.10-2）。

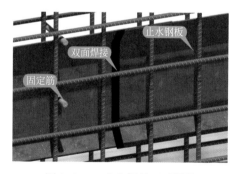

图2.10-1　止水钢板双面焊接

图2.10-2　成品整折止水钢板

水平施工缝止水钢板安装前，测量施工缝标高及墙轴线，在已稳固的竖向钢筋上用红漆标注施工缝水平线；钢板水平定位筋及限位筋与立筋电焊固定，不得在主筋上起弧以免烧伤主筋，且不能超出墙外侧立筋外表面（图2.10-3）；安装时保证止水钢板中线在水平施工缝处，调整好垂直度后将钢板与水平定位筋及中部限位筋点焊牢固；被断开的柱箍另设同直径钢筋与钢板搭接焊5d，但不得烧伤钢板，钢板上下各加一道原柱箍，与原箍筋间距不小于50mm（图2.10-4）。

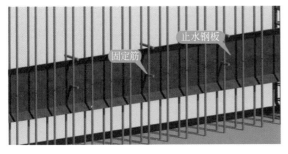

图 2.10-3　钢板与水平定位筋及中部限位筋点焊　　　图 2.10-4　柱箍筋与钢板搭接焊示意图

垂直施工缝止水钢板安装前，根据板厚制作专用的钢筋支架，将钢板止水带焊在两片钢筋支架之间，保证钢板在板厚中间位置，焊接过程不得破坏止水钢板（图 2.10-5）。

2. 施工缝埋设橡胶止水带

采用橡胶止水带时，可将止水带端部先用扁钢夹紧，再将扁钢与结构内的钢筋焊牢，使止水带固定牢靠、平直（图 2.10-6）。

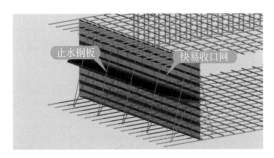

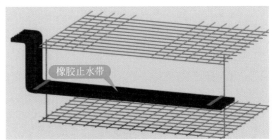

图 2.10-5　垂直施工缝止水钢板安装示意图（1）　　　图 2.10-6　橡胶止水带安装示意图

3. 施工缝截挡

垂直施工缝侧面需截挡，以避免混凝土浇筑时流浆，可采用木模板或快易收口网。采用木模板截挡时，按照钢筋间距和直径将模板做成刻槽挡模，加木条垫板，并采用木方加固，施工完成后及时取出（图 2.10-7）。采用快易收口网时，可分别绑扎在垂直施工缝止水钢板上下两片钢筋支架上，如未采用止水钢板，可根据板厚单独制作钢筋支架（图 2.10-8）。

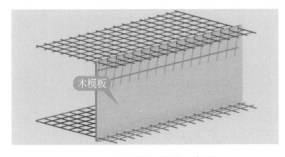

图 2.10-7　模板截挡示意图　　　　　　　图 2.10-8　快易收口网截挡示意图（1）

4. 施工缝清理剔凿

在混凝土初凝后，终凝前，进行二次重振，这样会对沉下的石子和上浮浆水重新搅拌组合一次，使之更均匀、密实。混凝土终凝且达到足够的抗压强度后（一般混凝土抗压强度不得小于 1.2MPa），需将垂直施工缝挡板及快易收口网拆除干净，水平施工缝因不需要截挡可直接进行凿毛处理，一般采用机械或人工将表面进行剔凿，并清除已浇混凝土表面的垃圾、松动的砂石和软弱混凝土层。

5. 施工缝免剔凿工艺

对于不需要模板封边的水平施工缝，在混凝土浇筑完毕后 1h 之内涂刷露骨料水洗剂；涂刷后应注意避免雨水或其他水冲刷，对于裸露的部位要加帆布覆盖，避免太阳直射；在药剂涂抹超过 3h，且不超过 4h 时，采用压力水进行冲洗，将混凝土表面浮浆冲洗干净，露出混凝土原始级配纹理的粗糙面。

对于垂直施工缝，在截挡模板与先浇筑混凝土相接触的一侧涂刷露骨料水洗剂，涂抹后在通风处将其晾干，晾干时应水平放置模板，以免药剂流动而产生薄厚不均的现象。混凝土浇筑完成，强度达到 4MPa（一般在混凝土浇筑 24h 后）之后开始拆除模板，拆模后应立即采用压力水进行冲洗，将混凝土表面浮浆冲洗干净，露出混凝土原始级配纹理的粗糙面。

6. 施工缝缝面处理

混凝土二次浇筑时，提前用压力水将缝面冲洗干净。

水平施工缝清理干净后，铺设净浆、涂刷混凝土界面处理剂或水泥基渗透结晶型防水涂料，再铺 30～50mm 厚的 1：1 水泥砂浆，并及时浇筑混凝土。

垂直施工缝表面清理干净后，涂刷混凝土界面处理剂或水泥基渗透结晶型防水涂料，并及时浇筑混凝土（图 2.10-9、图 2.10-10）。

图 2.10-9　垂直施工缝止水钢板安装示意图（2）　　图 2.10-10　垂直施工缝止水钢板安装示意图（3）

7. 墙柱模板根部角钢封堵

地下水平施工缝处模板与先浇墙、柱体混凝土间应用密封带封严，以防漏浆。

地上水平施工缝一般与楼板同一平面，墙柱模板根部可采用角钢进行封堵处理。

（1）楼面基层清理及墙柱定位放线完成后，裁剪 4cm 宽橡塑薄板粘贴于现浇楼面墙柱根部充作角钢垫脚，以适应楼面根脚局部收面不平整部位。

（2）在角钢上按照 60cm 间距钻孔完成后，将角钢放置于墙体定位线内侧，在钻孔处用长钢钉将角钢固定牢靠，并在两侧角钢夹挡之间放置混凝土撑块，保证距离。

（3）墙、柱在合模时，模板下脚内接触面应直接立贴于角钢外侧进行放置并加固即可。

8. 二次浇筑延长振捣时间

后浇混凝土时应注意施工缝处的振捣，边角处应加密振捣点，保证接缝处混凝土密实，新旧混凝土紧密结合，并应适当延长振捣时间。

2.10.5　实例或示意图

见图 2.10-11～图 2.10-16。

图 2.10-11　水平施工缝止水钢板安装示意图

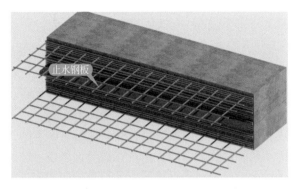

图 2.10-12　垂直施工缝止水钢板安装示意图（4）

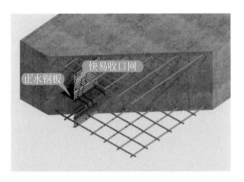

图 2.10-13　快易收口截挡示意图（2）

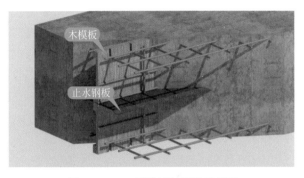

图 2.10-14　刻槽挡板截挡示意图

图 2.10-15　垂直施工缝免剔凿处理示意图

图 2.10-16　水平施工缝墙柱根部角钢封堵示意图

2.11　后浇带处理

2.11.1　适用范围

适用于房屋建筑工程地下室底板、外墙、顶板及楼层板后浇带的施工，其他有特殊要求结构中的后浇带施工可参照此方法。

2.11.2 质量要求

（1）后浇带模板稳固、密封、平整且具有足够强度、刚度及稳定性；两侧混凝土表面凿毛规范，快易收口网等杂物清理干净，涂刷混凝土界面处理剂或水泥基渗透结晶型防水涂料。

（2）后浇带钢筋顺直、无锈蚀，定位准确，间距适宜，保护层厚度符合设计要求，钢筋成品保护到位，水泥浆清理干净。

（3）楼板后浇带在梁板底模支设时，后浇带两侧设置与梁板支撑体系断开的独立支撑体系（可以在整体拆除模板时保留），以保证梁板板底模板拆除后，后浇带的两侧支撑仍然保留并正常工作，避免形成悬挑结构。

（4）止水钢板位置精确、固定牢靠、平直不扭曲，钢板焊接采用双面搭接焊，搭接长度不小于50mm，两端均满焊，焊缝高度不低于钢板厚度。

（5）后浇带混凝土浇筑和振捣过程中，应特别注意分层浇筑厚度和振动器距止水钢板的距离，避免止水钢板偏位。边角处应加密振捣点，并应适当延长振捣时间。

（6）后浇带混凝土应一次浇筑，不得留设施工缝，混凝土浇筑应密实、成型应精确、无渗漏，浇筑后要覆盖塑料薄膜保温保湿养护，且养护时间不得少于28d。

（7）若后浇带区域涉及机电预留管线穿插，相关水电安装需在底板及地梁钢筋绑扎完毕后，方可进行水电工序插入，在预留预埋施工过程中应注意后浇带区域管线的成品保护，应考虑施工过程中人员、机械设备及天气等的破坏，应安装位置准确、牢固可靠，做好相关保护措施。

2.11.3 工艺流程

1. 地下室底板后浇带施工工艺流程

开始→底板底层钢筋绑扎→附加筋焊接→止水钢板安装→后浇带两侧快易收口网边模安装→底面面筋绑扎→验收→底板后浇带两侧混凝土浇筑→后浇带使用木板覆盖保护→后浇带施工缝剔除及清理→调整钢筋除锈、抽积水→混凝土界面涂刷界面处理剂→提高一级后浇补偿收缩混凝土浇筑→养护→结束。

2. 地下室顶板及楼层板后浇带施工工艺流程

开始→模板支撑（独立支撑）→底板底层钢筋绑扎→后浇带两侧快易收口网边模安装→上层钢筋绑扎→验收→后浇带两侧混凝土浇筑→后浇带使用木板覆盖保护→后浇带施工缝剔除及清理→模板加固及安装→调整钢筋并除锈→提高一级后浇补偿收缩混凝土浇筑→养护→模板拆除→结束。

3. 外墙后浇带施工工艺流程

开始→外墙钢筋绑扎→附加筋焊接→止水钢板安装→后浇带两侧快易收口网边模安装→验收→外墙后浇带两侧混凝土浇筑→后浇带使用木板覆盖保护→后浇带施工缝剔除及清理→调整钢筋并除锈→模板封闭加固→提高一级后浇补偿收缩混凝土浇筑→养护→模板拆除→结束。

2.11.4 精品要点

1. 侧模安装——稳固牢靠，平直不扭曲

（1）后浇带两侧底板浇筑时，为保证不发生漏浆、跑模事件，侧模采用双向钢筋网作

为侧模骨架，止水钢板通过两侧钢筋骨架进行焊接，内侧铺设快易收口网，快易收口网与侧模骨架通过绑扎进行有效固定（图2.11-1）。

（2）对地下室较厚底板、大梁等属大体积混凝土的后浇带，两侧必须设置专用模板和支撑以防止混凝土漏浆而导致后浇带断不开（图2.11-2）。

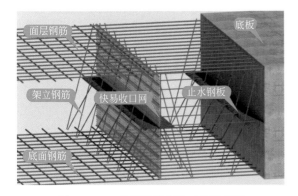

图2.11-1 底板侧模安装三维示意图

图2.11-2 地下室外墙模板安装三维示意图

2. 外墙模板支设——加固牢靠，防水有效

外墙后浇带模板支设，在钢筋绑扎完成后采用木模使对拉止水螺杆连接固定，在内模封闭前将止水钢板及快易收口网安装牢固，提前剔凿清理两侧外墙接槎处混凝土。对于要提前做防水或回填的地下室，外侧模板也可采用成品水泥板支设，为避免后期拆模也可直接进行下一道工序，内模板在浇筑前进行支设。

3. 凿毛——凿出凹痕、冲洗干净、界面处理、增强粘结

（1）后浇带混凝土浇筑前应对两侧混凝土接触面进行剔凿施工，将表面松动砂石、浮浆和软弱混凝土层剔凿干净，凿毛至坚硬层，形成凹凸麻面，便于新旧混凝土充分粘结。用水冲洗或气泵吹干净并充分湿润，但不得有积水。

（2）后浇带剔凿清理干净后在交接处涂刷混凝土界面处理剂或水泥基渗透结晶型防水涂料，增强新旧混凝土的粘结。施工中应注意控制界面剂或渗透结晶处理后应及时浇筑混凝土，避免界面剂固化，起不到使新旧混凝土紧密结合的作用（图2.11-3）。

4. 止水钢板安装——附加筋定位准确，双面搭接焊牢靠

（1）后浇带防水施工中止水钢板采用3mm厚，槽口朝向迎水面，在底层钢筋绑扎完成后，先进行附加筋定位焊接，再将止水钢板焊接固定，止水钢板定位要精确，保证钢板在剔凿后仍为中心位置。

（2）钢板焊接采用双面搭接焊，搭接长度不小于50mm，两端均满焊，焊缝高度不低于钢板厚度。

（3）若防水采用止水条时，要保证止水条与混凝土表面粘结牢固，更好地发挥止水条的止水效果（图2.11-4）。

5. 支撑架施工——独立支撑，牢固稳定

（1）后浇带模板支撑要形成独立的支撑体系，与两侧梁、板模板支撑断开，在两侧模板拆除后仍能正常独立工作，后浇带处支撑架应与两侧梁板架体设可靠拉结点，保证其牢固性和稳定性（图2.11-5）。

图 2.11-3 后浇带凿毛实例图   图 2.11-4 止水钢板安装示意图

（2）立杆上每步设置双向水平杆，水平杆与立杆扣接，并在其底部设置垫板，扫地杆要在立杆底部的水平方向按纵下横上的次序设置。

6. 成品保护——有效覆盖，避免锈蚀错位

后浇带两侧底板浇筑完成后应将后浇带位置的杂物清理干净，在两侧混凝土面砌 20mm 高水泥砂浆止水坎儿，上部采用 18mm 厚模板覆盖并固定，整体封闭，防止钢筋被破坏。若后浇带处要过重物，可在中间位置预留过车道（图 2.11-6）。

图 2.11-5 后浇带模板支撑体系搭设示意图   图 2.11-6 后浇带覆盖保护示意图

2.11.5 实例或示意图

见图 2.11-7～图 2.11-14。

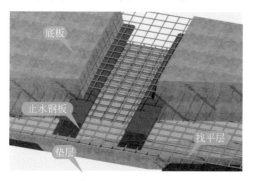

图 2.11-7 地下室底板后浇带做法示意图   图 2.11-8 地下室外墙后浇带做法示意图

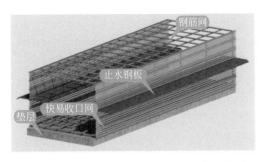

图 2.11-9　基础底板后浇带两侧侧模三维图

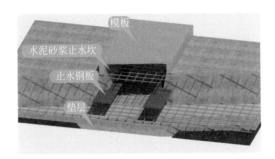

图 2.11-10　地下室底板后浇带成品保护做法示意图

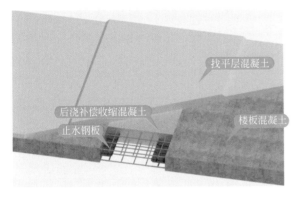

图 2.11-11　地下室顶板、楼层板后浇带做法示意图

图 2.11-12　地下室外墙模板支设示意图

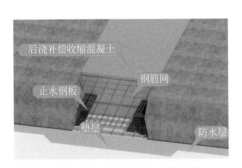

图 2.11-13　提高一级后浇补偿
收缩混凝土浇筑、养护

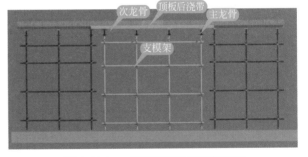

图 2.11-14　后浇带模板支撑剖面图

2.12　大体积混凝土

2.12.1　适用范围

适用于基础底板、大型基础承台、大截面梁、柱等大体积混凝土施工。

2.12.2　质量要求

（1）大体积混凝土必须做好试配，确保混凝土强度和热工计算满足规范要求。

77

（2）浇筑前对混凝土原材质量进行抽查，确保混凝土计量准确，配合比达到要求。

（3）结构构件几何尺寸准确，整体表面平整、颜色均匀，观感良好，无空隙、龟裂、离析等缺陷。

（4）预埋件及预留孔洞尺寸及位置偏差符合规范及设计要求。

2.12.3　工艺流程

开始→防水、钢筋及预埋件等施工→混凝土配合比设计→降温管线布设→测温元件安装→联合验收→混凝土制备→混凝土装车及场外运输组织→混凝土罐车场外交通组织→浇筑前验收→混凝土浇筑→分层振捣→二次振捣→初凝前二次抹压→初凝前覆盖保温薄膜或喷雾养护→冬期覆盖保温棉毡→面层蓄水养护→初凝后72h内每2h测温一次→初凝后3～7d每4h测温一次→初凝后7～14d每6h测温一次→温度稳定达标→保温措施拆除→绘制温度曲线图→结束。

2.12.4　精品要点

1. 原材及配合比控制——低热缓凝

（1）水化热控制：尽可能减少水化热，采用低水化热水泥、掺合料及外加剂并尽可能减少水泥用量。宜掺用粉煤灰、磨细矿渣以降低混凝土水化热，粉煤灰掺量不宜大于胶凝材料用量的50%，矿渣粉掺量不大于胶凝材料用量的40%；掺量总和不大于胶凝材料用量的50%；积极采用缓凝型减水剂或高效减水剂。

（2）级配碎石：泵送混凝土碎石级配良好，最大粒径不大于40mm。

（3）长龄期混凝土：采用60d或90d龄期混凝土，初凝时间宜控制在6～8h。

2. 浇筑前整体策划——协调明确

1）人员组织

实行24h两班倒不间断施工，施工前确保已完成交底，并明确各专业小组工作内容。

（1）浇筑组：按照施工方案控制施工进度；检查混凝土入模状态是否符合要求；检查混凝土振捣、摊铺、收面及后期养护情况。

（2）协调组：驻站人员检查混凝土出站质量，监督记录罐车出站情况及混凝土原材料供给情况，配合前台调度控制发车节奏；泵车、罐车调拨人员分配各浇筑点罐车并组织交通，及时调换施工过程中出现损坏的泵车，就混凝土质量问题及时与搅拌站联系。

（3）安全组：负责现场施工安全，突发事故处理。

（4）技术组：相关方案制订和交底，现场技术处理。

（5）质量组：混凝土浇筑过程中质量监控，后期养护质量监管及验收，测温管理。

（6）试验组：检查并记录入泵混凝土的坍落度；混凝土试块制作。

2）临时用水

对冷却水管安装进行检查，对临时用水进行规划，保证后期混凝土养护、降温用水充足。

3）临时用电

对临时用电进行规划，安排电工对现场临时用电设备进行检查维修。

4）材料准备

提前对混凝土养护用保温材料作准备。

5）交通组织

根据项目当地限行时段规定提前预留运输车存放区，合理规划场内泵车布置及运输车行进路线，并根据场外运输车行进路线及场内泵车数量计算所需运输车数量。搅拌运输车运输过程中应根据现场施工实际情况采用防晒、防雨和保温措施。场外运输路线应确保混凝土由搅拌机卸入运输车至卸料时的运输时间不大于90min。

3. 降温管线布设——均匀、合理

当热工计算需要大体积混凝土采用冷凝管进行内部降温时，冷却水管采用多回路进行布设，单回路冷却水管长度不宜大于200m。设置进出水口，采用消防水进行供水，出水口接入集水坑，冷却水可循环利用。

冷却管布设层数和间距通过热工计算确定：

（1）混凝土厚度小于3m，冷却管单层成蛇形布设于混凝土中间部位（图2.12-1）。

（2）混凝土厚度大于等于3m，冷却管应多层布设，层间的间距一般设计为1.5m，采用DN15~DN50钢管（图2.12-2）。水平间距1~1.5m之间。

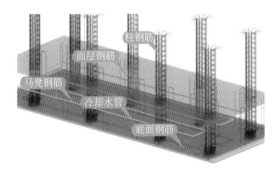

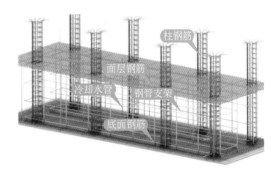

图2.12-1 单层冷却水管布置示意图　　　　　图2.12-2 双层冷却水管布置示意图

4. 混凝土浇筑措施——分层多次

（1）分层浇筑：大体积混凝土一般采用分层浇筑方案，分层厚度宜为300~500mm，第二层混凝土在第一层初凝前浇筑完毕（图2.12-3、图2.12-4）。

图2.12-3 水平分层示意图（适用于　　　　　图2.12-4 斜面分层示意图（适用于
　　结构的平面尺寸不大的情况）　　　　　　　结构的长度超过厚度3倍的情况）

（2）串筒导流：大体积混凝土浇筑采用串筒导流，避免高落差混凝土浇筑过程中造成离析。

（3）混凝土振捣：每浇筑一层混凝土都应及时均匀振捣，防止漏振，保证混凝土的密实性，振捣上一层时应插入下层约50mm，以消除两层之间的接槎。在混凝土初凝之前，适当的时间内给予二次振捣，二次振捣时间间隔宜控制在2h左右（图2.12-5）。

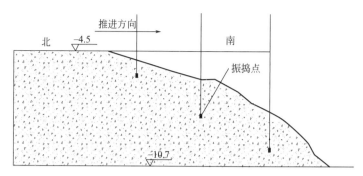

图 2.12-5　混凝土振捣示意图

（4）二次抹压：在混凝土预沉后、初凝前，在其表面采用二次抹压处理工艺，并及时用塑料薄膜覆盖，必要时可在混凝土终凝前 1～2h 进行多次抹压处理。

5. 混凝土养护与保温——三层养护

大体积混凝土养护时间不少于 7d，防水混凝土不少于 14d，混凝土浇筑完毕后，在初凝前宜立即进行覆盖或喷雾养护。

（1）底层薄膜养护：塑料薄膜应覆盖严密。

（2）中层棉毡养护：冬期施工时按热工计算采用棉毡覆盖，养护期内混凝土表面应始终保持温热潮湿状态。

（3）面层蓄水养护：蓄水可采用冷凝管降温产生的热水，在蓄水前沿混凝土边界砌筑挡水台。蓄水时间不少于 7d，养护时间不少于 14d。

6. 混凝土温度监控——合理布置、分时检测、严格控温

1）测温点布置

测温点的水平布置与数量根据混凝土浇筑体内温度场的分布情况及温控的规定确定，将测温点布置在平面形状中心，以及中心对应的侧边和容易散发热量的拐角处；同时，混凝土浇筑体厚度均匀时控制两测温点间距不大于 15m。

测温点竖向布置根据混凝土厚度确定，通常每测位布置 3～5 个传感器或更多，分别位于混凝土表层、中心、底层及中上、中下部位，传感器间距不大于 500mm。表层传感器宜布置在距浇筑体表面 50mm 处，底层传感器宜布置在混凝土浇筑体底面以上 50～100mm 处（图 2.12-6、图 2.12-7）。

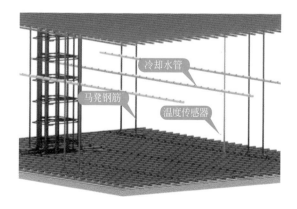

图 2.12-6　温度传感器布置图

图 2.12-7　温度传感器大样图

2）温度监测

混凝土出罐及入模温度测量：

出罐温度：冬期不低于 10℃；夏期不高于 16℃。

入模温度：冬期不低于 5℃；夏期不高于 30℃。

监测频率：初凝后 72h 内每 2h 测温一次，初凝后 3～7d 内每 4h 测温一次，初凝后 7～14d 内每 6h 测温一次，测至温度稳定为止。

测温人员需详细记录并绘制温度曲线图（图 2.12-8）。

3）温度控制

（1）混凝土内部相邻两层温差不大于 20℃；

（2）混凝土表面温度与大气温度温差不大于 25℃；

（3）混凝土降温速度不大于 2℃/d。

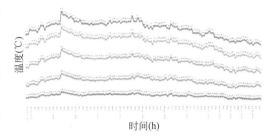

图 2.12-8 温度测量曲线图

当混凝土表面温度与环境温度最大温差小于 20℃时，可将保温措施全部拆除。

2.12.5 实例或示意图

见图 2.12-9～图 2.12-14。

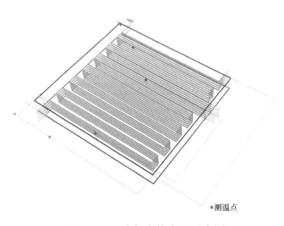

图 2.12-9 冷却水管布置示意图

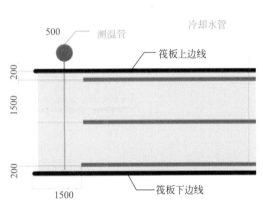

图 2.12-10 冷却水管布置剖面图

图 2.12-11 大体积混凝土分层浇筑均匀振捣示意图

图 2.12-12 混凝土养护示意图

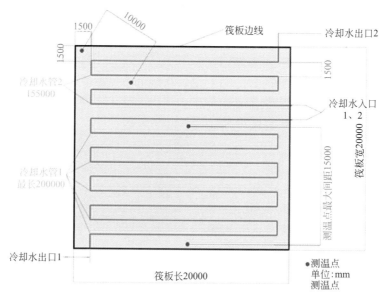

图 2.12-13 测温管布置示意图

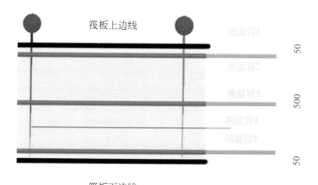

图 2.12-14 测温管布置剖面图

2.13 预应力结构

2.13.1 适用范围

适用于预应力楼板、预应力梁施工。

2.13.2 质量要求

1) 预应力使用钢筋、钢绞线、锚具应满足设计图纸要求。

2) 预应力筋位置、标高、反弯点位置控制应准确,预应力筋应保持走向顺直,减少平面外弯曲。

3）预应力筋为曲线布筋形式，其他各专业在施工时应避免改变预应力筋位置，普通钢筋及水电管线与预应力筋发生位置矛盾时，应优先保证预应力筋的位置。

4）预应力筋张拉质量应符合以下要求：

（1）预应力筋张拉伸长实测值与计算值的偏差不应超过±6％，其余合格点率应达到95％，且最大偏差不应超过±10％。

（2）预应力筋张拉锚固后实际建立的预应力值与设计规定检验值相对偏差不应超过5％。

（3）预应力筋张拉过程中应避免断裂或滑脱，如发生断裂或滑脱，其数量严禁超过同一截面上预应力筋总根数的3％，且每束钢丝不超过1根，对多跨连续双向板和密肋梁，同一截面按开间计算。

5）孔道内的水泥浆应饱满密实，检查以采用超声波探测为主，人工敲击为辅。

6）薄壁空心管缝隙内放置钢筋支架，并进行绑扎固定，做好空心管抗浮措施。

7）混凝土浇筑应分两层进行，分层斜面推进，振捣密实，采用人工和机械三遍收面，浇水并覆膜养护14d。

8）楼板开洞必须在布筋前预留，严禁后开破坏预应力筋。

2.13.3 工艺流程

1. 无粘结预应力施工工艺

开始→下料及固定端制作→确定分区铺设顺序→绑扎钢筋下铁→下铁验收→布设无粘结预应力筋→固定安装预应力筋支架→机电管线预留预埋→安装张拉端螺旋筋、承压板及穴模→钢筋上铁绑扎→隐蔽验收→混凝土浇筑→混凝土养护→预应力筋张拉→切割外露预应力筋→张拉封锚→结束（图2.13-1、图2.13-2）。

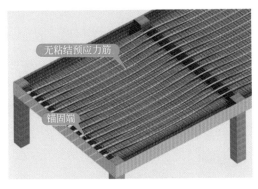

图2.13-1 整体示意图（1）

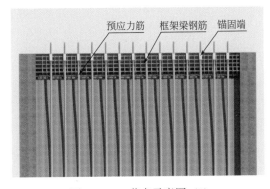

图2.13-2 节点示意图（1）

2. 有粘结预应力施工工艺

开始→下料及固定端制作→支设底模、绑扎梁钢筋→标出预应力孔道高度→安装预应力孔道和穿束→预应力端部锚垫板、螺旋筋安装和固定→设置排气孔→检查预应力筋的铺放质量→隐蔽验收→支梁侧模及顶板模板→隐蔽验收→混凝土浇筑→混凝土养护预应力筋张拉→孔道灌浆→切割外露预应力筋→封锚→结束（图2.13-3、图2.13-4）。

图 2.13-3　整体示意图（2）

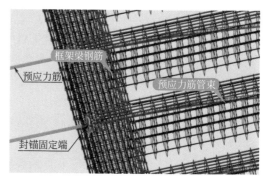

图 2.13-4　节点示意图（2）

2.13.4　精品要点

（1）按照施工图纸中预应力筋标高的要求，在预应力施工中必须配置无粘结预应力筋的支撑钢筋，支撑马凳钢筋采用 HRB335 级 ϕ12 钢筋。在空心楼板内 $0.125L$ 处反弯点处设置马凳钢筋支撑，用于支撑平板中单根或双根无粘结预应力筋的钢筋间距为 1.5m，反弯点高度控制在距板底 128mm（图 2.13-5）。

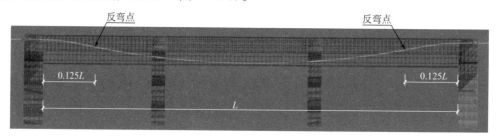

图 2.13-5　预应力筋曲线控制示意图

（2）无粘结预应力筋锚固端施工措施：

端部采用挤压锚具，将组装好的固定端锚具按设计要求的位置绑扎牢固，端部的预埋垫板应垂直于预应力筋，锚具与垫板应贴紧（图 2.13-6、图 2.13-7）。

（3）张拉端的承压板需有可靠固定，严防振捣混凝土时移动，并须保持张拉作用线与承压板垂直（绑扎时应保持预应力筋与锚具轴线重合）（图 2.13-8）。

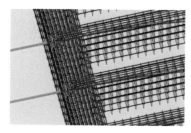
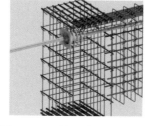

图 2.13-6　整体示意图　　图 2.13-7　锚固端节点示意图　图 2.13-8　板面张拉端构造示意图

（4）预应力筋的位置宜保持顺直，承压板面必须与张拉作用线垂直，节点组装件安装牢固，不得留有间隙。

（5）高强薄壁管的铺放应按图纸铺设，一条肋接一条肋地铺设，铺设时应轻拿轻放，严禁踩在管上操作或行走，每铺好一排即用卡子固定。

（6）无粘结预应力筋张拉端的锚垫板可固定在端部模板上，或利用短钢筋与四周钢筋焊牢。当张拉端采用凹入式做法时，可采用聚苯乙烯块或专用穴模。

（7）按照薄壁管直径和间距用钢筋焊接成算状支架，下铁钢筋网绑扎完毕后，每隔0.9m处用14号镀锌钢丝与模板龙骨绑扎固定，把算状支架压在每根薄壁管两端四分之一处（0.25m处），每隔1m用镀锌钢丝将算状支架与底网绑扎固定，控制高强薄壁空心管防止混凝土浇筑时引起整体上浮，抗浮控制点要分布均匀，抗浮钢丝要绑扎牢固。

（8）施工前应认真检查预应力钢绞线护套是否有破损情况，对护套轻微破损处，可采用外包防水聚乙烯胶带进行修补，每圈胶带搭接宽度不应小于胶带宽度的1/2，缠绕层数不应少于2层，缠绕长度应超过破损长度30mm。

（9）为避免混凝土对高强薄壁管的冲击，导致发生左右位移，或造成空心管上浮，混凝土浇筑时应分两层进行。第一层浇筑混凝土至板厚的1/3~1/2，浇筑混凝土时要求从空心管缝隙处灌注混凝土，观察空心管另一侧底部有混凝土涌出，并振捣密实，第二层浇筑至板面标高（图2.13-9）。

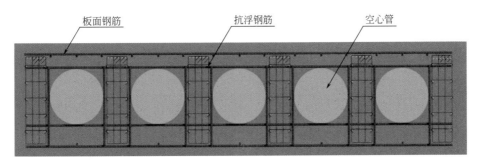

图2.13-9 分层浇筑混凝土

（10）混凝土浇筑及振捣时，不得踏压撞碰无粘结预应力筋、定位支撑钢筋以及端部预埋部件。

（11）混凝土表面密实是减少混凝土温度的有效措施，施工中在第一遍用人工找平，第二遍用磨光机压实找平，在终凝前人工压实一遍，并及时浇水且覆盖塑料薄膜养护，养护期不少于14d。在混凝土初凝之后（浇筑后2~3d），及时拆除端模，清理张拉端头。

（12）预应力楼板侧模、梁侧模可在张拉前拆除，张拉前不得拆除下部支撑体系，结构混凝土同条件养护试块强度达到设计混凝土强度等级值80%以上时可以进行张拉。张拉应采用分批、分阶段对称张拉或依次张拉。

（13）张拉后用砂轮机切除多余的预应力筋，不得采用电弧焊切割，切断后露出锚具夹片外的长度不应小于预应力筋直径的1.5倍，且不应小于30mm。张拉端凹槽处应及时采用细石混凝土或无收缩砂浆进行封闭。

2.13.5 实例或示意图

见图2.13-10、图2.13-11。

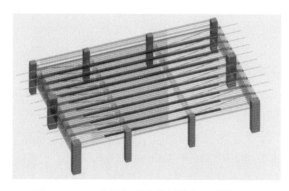 

图 2.13-10　有粘结预应力筋楼板整体效果图　　图 2.13-11　无粘结预应力筋楼板整体效果图

2.14　清水混凝土

2.14.1　适用范围

适用于采用大钢模板或组合体系木模板施工的清水混凝土剪力墙、框架柱结构施工。

2.14.2　质量要求

（1）混凝土表面平整光滑、色泽均匀、线条流畅，没有蜂窝、麻面、露筋、夹渣、砂线、粉化、锈斑、明显气泡等质量通病。

（2）结构的部位无缺棱掉角，梁、柱的接头平滑方正，接缝无明显痕迹；预埋件、预埋螺栓套管表面平整，尺寸准确；对拉螺栓位置排列整齐，模板拼缝有规律。

（3）混凝土一次成型，不作任何外装饰，混凝土表面喷涂无色保护剂，直接利用混凝土自然色作为饰面。

2.14.3　工艺流程

开始→清水混凝土模板设计→模板加工→混凝土试配→模板试配→墙柱钢骨柱安装→验收→墙柱钢筋安装→验收→墙柱模板安装→验收→墙柱混凝土浇筑→带模养护→拆模→浇水及覆膜养护→带膜养护→修理明缝及螺栓孔，封堵螺栓孔→喷涂混凝土保护剂→结束。

2.14.4　精品要点

（1）圆柱模板设计：

钢管柱外包圆形混凝土柱直径 1700mm，采用定型大钢模板，不设置明缝，水平蝉缝每 1340mm 设置一道。竖向蝉缝按垂直幕墙 90°方向布置，上下通缝竖直对齐，无螺栓孔洞（图 2.14-1～图 2.14-3）。

图 2.14-1 圆柱钢模板脚手架
搭设三维模型图

图 2.14-2 圆柱钢模板
三维模型图

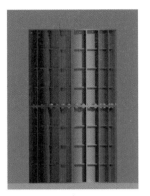

图 2.14-3 圆柱钢模板
示意图

（2）核心筒剪力墙外墙模板设计：

采用铝合金几字梁木模板组合体系，采取明缝与蝉缝相结合方式。面板采用 18mm 厚优质清水专用覆膜模板（2440mm×1220mm）作为面板，次龙骨使用 75mm×70mm 新型铝合金几字型材，间距 200mm，主龙骨使用双槽钢（10 号），间距 610mm。采用新型铝合金几字型材进行连接，从面板后面安装 4mm×20mm 高强自攻钉加固面板，保证混凝土表面无钉子孔。

（3）外侧横背楞选用 10 号双槽钢，竖向间距原则上为 610mm；拉杆选用 M16 高强通丝对拉螺栓，模板底部两排对拉螺栓采用双螺母。配优质 PVC 套管及定制清水专用堵头，清水专用覆膜模板和新型铝合金几字型梁之间用自攻螺钉连接（详见图 2.14-4a），内楞与外楞槽钢之间用直径 14mm 勾头螺栓连接稳固，大模板之间的连接采用新型几字梁和步步紧相连接（详见图 2.14-4b），模板系统支撑架采取定制槽钢支架及钢管撑杆结合使用。

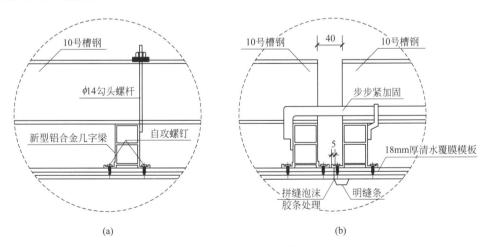

(a)   (b)

图 2.14-4 新型铝合金几字梁横截面示意图

（4）对拉螺栓：选用 M16 高强度对拉通丝型螺栓，施工操作方便、截面精度易控制、表面无污染。严格控制板面与螺栓堵头之间缝隙，使螺栓孔不跑浆。与对拉螺栓配套的定制清水专用堵头应有足够的强度，PVC 套筒能有效保证墙截面尺寸及强度，以免造成孔眼变形或漏浆，影响墙体平整度，拆模后将堵头取出，可以重复使用（图 2.14-5）。

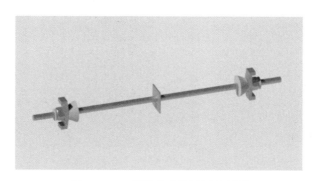

图 2.14-5　高强度对拉螺杆示意图

（5）定制堵头：新设计的堵头改变丝杆尾部立角，将与模板接触端的末端丝纹增加成倒角，使得丝帽紧固模板时能达到更好的紧固效果，螺栓型堵头可保证螺母与模板形成夹紧式固定，避免其发生不同步变形（图 2.14-6）。

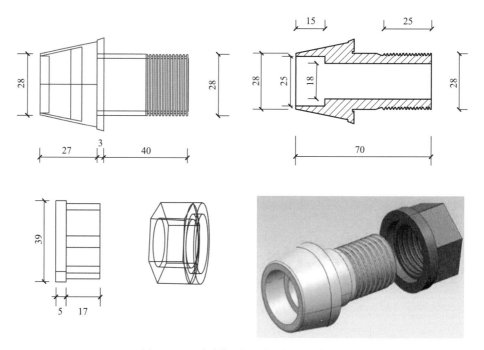

图 2.14-6　定制螺栓型堵头加工示意图

（6）明缝采用凹槽形式，增强建筑的立体感。模板明缝使用等腰梯形截面明缝条。用自攻螺钉将明缝条固定在清水专用模板上，注意明缝条要求水平、垂直方向交圈。

（7）楼层施工缝处理：施工缝采用隐藏式蝉缝，施工时为满足清水混凝土整体风格、质量要求，又为了满足施工的需要，将施工缝留置于明条内，拆模后满足观感的要求，同时确保了施工缝留设高度一致，进行施工缝凿毛处理后不会影响清水混凝土整体效果。

（8）墙体阳角加固：阳角处通常出现的问题就是拼缝不严密，造成阳角处漏浆、失水等质量问题（图 2.14-7）。因此，在模板的拼缝处垫 1.5mm 厚的海绵胶条，采用双止水口方式进行支撑，使受力角点直接与模板接触力点对应，并适当增加扣件或连接构件数量，使受力点增加附加斜拉座方式处理。

图 2.14-7　阳角加固 45°斜拉座节点图

（9）清水混凝土配合比必须经过多次试配，各参建方确定，确保混凝土的和易性（流动性）良好、色泽均匀，无离析泌水现象，初凝时间控制在 1h。同时其外观质感，颜色、工作性能、力学性能、耐久性能等必须达到设计及业主的要求。

（10）清水混凝土的技术要求：应采用泵送混凝土，必须满足现场泵送混凝土的使用要求，在混凝土运输、浇筑以及成型过程中不离析、易于操作，具有良好的工作性能。

① 混凝土扩展度：

混凝土拌合物运输采用专用运输车，装料前容器内应清洁、无积水。运输至现场时应逐车检查扩展度和倒坍时间，要求用于浇筑钢管柱和外墙的混凝土扩展度控制在 670±20mm，倒坍时间控制在 3~4s。为保证泵送能顺利进行，根据气温条件、运输时间（白天或夜天）、运输道路的距离、砂石含水率变化、混凝土经时损失等情况，及时适当地对原配合比（水胶比）进行微调，以确保混凝土浇筑时的坍落度能够满足施工生产需要，混凝土不泌水、不离析，色泽保持一致，确保混凝土拌合物质量。

② 和易性：

为了保证混凝土在浇筑过程中不离析，要求混凝土有足够的黏聚性，在泵送过程中不泌水、不离析。要求压力泌水率应小于 22%，扩展度的 90min 经时损失应小于 10%，以保证混凝土的稳定性和可泵性。

③ 初凝时间：

为了保证混凝土浇筑不出现冷缝，要求混凝土的初凝时间保证在 10±2h。当气候有变化时，应根据情况及时调整。

④ 耐久性：

清水混凝土成型后直接暴露在空气中，只作表面的透明保护，应该具有较高的耐久性，主要是提高混凝土的抗渗性、抗冻性、抗化学侵蚀性、体积稳定性、抗碳化性、预防碱—集料反应等几个方面的性能。

（11）混凝土原材料的选择：清水混凝土的配制需要通过原材料的优选和质量控制、配合比的优化设计以及生产过程的有效控制，才能生产出达到要求的混凝土拌合物，清水混凝土对混凝土拌合物原材料主要有以下几个方面的要求。

① 水泥：

水泥的选用是保证混凝土性能的基础，选用的水泥应具有质量稳定、含碱量低、C3A含量少、强度富余系数大、活性好、标准稠度用水量少等特点，水泥与外加剂之间的适应性良好，并且原材料色泽均匀。同时，水泥的生产质量必须稳定，不同批次的水泥色差须严格控制。

② 掺合料：

选用同一厂家、同一型号的优质风选 I 级粉煤灰、优质 S95 矿粉和优质浅色硅灰作为掺合料。此三种掺合料可增强混凝土的和易性、耐久性，有利于提高清水混凝土的表面观感。

③ 砂子：

细骨料选用中粗砂，必须细度模数在 2.3 以上，产地、颜色一致，其含泥量要控制在 2.5％以内，泥块含量要小于 1％，有害物质按重量计不大于 1.0％。选择粗细骨料时其碱活性含量必须符合要求。

④ 石子：

粗骨料选用的原则是强度高，连续级配好，并且同一颜色的碎石，产地、规格必须一致，含泥量要小于 1％，泥块含量要小于 0.5％，针片状颗粒含量不大于 10％，骨料不带杂物。本工程选用 5～20mm 连续级配的崇州碎卵石，含泥量小于 1％。

⑤ 外加剂：

外加剂选择的关键是与水泥的适应性，因为其影响混凝土拌合物的性能，对改善混凝土的孔隙结构、提高混凝土的密实度、增加混凝土的耐久性有着重要作用，另外要求减水效果明显，能够满足混凝土的各项工作性能。外加剂应不改变混凝土的颜色，不得含有氯盐成分，在混凝土硬化后表面也不会出现析霜或返潮。选择高减水率的聚羧酸减水剂，减水率不小于 20％。

（12）为了保证清水混凝土颜色一致，商品混凝土搅拌站应专门用一条生产线来供应一个工程，以防止由于交叉污染，造成混凝土颜色不均匀。水泥按每一出厂编号进行复试，并且发现颜色和上次进货留样差别明显时退货。矿粉、粉煤灰逐车检查，检查矿粉比表面积、净浆流动度，煤灰的细度、需水量比，所检项目合格且颜色和上次留样一致后入罐，否则退货。

（13）清水混凝土的运输要点：

① 清水混凝土由出厂至浇筑的时间不能超过 2h，需严格控制，若超过时间必须退回搅拌站。

② 清水混凝土拌合物运输到现场后，在浇筑前清水混凝土运输车应搅拌 45s 左右，并逐车检查坍落度、和易性、颜色有无变化，做好记录。

③ 工作性和颜色不符合要求的拌合物严禁使用，清水混凝土浇筑过程中严禁加水（用于浇筑圆柱体的清水混凝土坍落度宜为 200±20mm，扩展度宜为 550～600mm；用于浇筑核心筒墙的清水混凝土坍落度宜为 200±20mm，扩展度宜为 550～600mm）。

④ 清水混凝土搅拌站应根据气温条件、运输时间、运输距离、砂石含水率变化、清水混凝土坍落度损失等情况，及时适当地对优化后的配合比进行微调，以确保清水混凝土浇筑时的状态能够满足施工生产需要，不泌水、不离析、色泽保持一致，保证清水混凝土供应质量。

⑤ 清水混凝土拌合物的运输宜采用专用运输车，装料前容器内应清洁、无积水。

（14）清水混凝土的浇筑要点：

①清水混凝土浇筑前，应检查钢筋及模板的现场情况，并及时填写清水混凝土浇筑申请单。清水混凝土浇筑时，统一指挥和调度，应用无线通信设备进行清水混凝土搅拌站与工地现场的联络，把握好浇筑的时间，并应及时填写清水混凝土浇筑记录表。

② 浇筑清水混凝土的过程中须有专人对钢筋、模板内外支撑系统进行监控，一旦移位、变形或者松动要马上通知停止清水混凝土浇筑，及时调集操作人员整改修复后方可恢复浇筑；顶板钢筋的水平骨架，应有足够的钢筋马凳和专用垫块。

③ 关注天气预报，了解当地停电、停水安排，若停电、停水无法避开时，应提前做好准备。遇不良天气施工应做好防雨措施，准备足够的防雨布，遮盖工作面，防止雨水对新浇清水混凝土的冲刷。

④ 事先观察浇筑区域的钢筋情况，对钢筋较密处预备好 $\phi30mm$ 振动棒。

⑤ 清水混凝土竖向构件浇筑前，润管水及砂浆不得注入所浇筑构件内，在施工缝处的接浆，材料采用同配合比清水混凝土减石子砂浆进行，接浆高度宜为 50mm。浇筑墙体时，接浆范围为开始下料点的 3m 内，且必须采用串筒下料。

⑥ 清水混凝土浇筑时，振捣的方法应按照样板构件试样确定的振捣方法及工艺进行；清水混凝土应能充满模板，并要求必须达到流平、密实的程度，从而减少清水混凝土成品表面的气泡。

⑦ 核心筒及薄墙墙体的清水混凝土浇筑下料口示意图及振捣下棒要点：清水混凝土直墙的振捣使用 $\phi50mm$ 振动棒，采取分层浇筑、分层振捣；每层厚度不宜大于 500mm（用标尺杆并辅以高能电筒照明随时检查清水混凝土高度及振捣情况），振捣上层时，应插入下层 50～100mm。为保证振捣密实，墙体振捣点成梅花形布置，移动间距不大于振捣作用半径的 1.5 倍（即 500mm 左右）。

⑧ 清水混凝土先后两次浇筑的间隔时间不宜超过 0.5h；第二次浇筑前，要将下层清水混凝土顶部 150mm 厚的清水混凝土层重新振捣，以便使两次浇筑的清水混凝土结合成密实的整体。

⑨ 振捣过程中，应避免撬振模板、钢筋，每一振点的振动时间，应以清水混凝土表面不再下沉、无气泡逸出为止，一般为 20～30s，要避免过振发生离析、振动棒抽出，振捣过程中要使振动棒离清水混凝土的表面（最终作为饰面的清水混凝土表面）保持不小于50mm 的距离。

（15）模板拆除要点：

① 模板拆除的时间：应在混凝土同条件试件强度达到 3MPa（冬期不小于 4MPa）时拆模，拆模后应及时养护，以减少混凝土表面出现色差、收缩裂缝等现象。

② 清水混凝土应比普通混凝土拆模时间延后，在夏期拆模时间为 48h。在气候有明显变化时，应在满足规范的前提下，根据具体情况，由技术部门确定拆模时间。

③ 柱模板的拆除：柱混凝土强度达到4MPa时即可拆除柱模板，拆模时间根据室外温度可适当调整，在冬期时应延长拆模时间。拆模前应先松卸掉加固支撑及紧固钢丝绳，然后用撬棍轻轻撬动模板，使模板离开柱体，拆除时撬棍不得顶在混凝土面上，防止将混凝土表面破坏（不得已时可加垫板）；模板吊装时应有人专门负责，防止模板吊装过程中将混凝土表面碰坏或划伤。

④ 拆模的流向为先浇先拆，后浇后拆。模板的拆除顺序与模板的安装顺序相反。

⑤ 在拆除模板过程中应加强对清水混凝土成品和对拉螺栓孔眼的保护。

（16）核心筒清水混凝土采用高分子保湿养护膜养护，圆钢柱采用土工布加薄膜进行养护。在浇筑混凝土36h后松开螺母，48h后拆模，松开螺母后应对混凝土进行专人淋水养护，模板、堵头拆除后使用高分子养护膜进行边淋水边覆盖养护，边角接槎部位要严密并压实，防止边角磕碰受损，影响美观。养护时间不低于14d。

2.14.5　实例或示意图

见图2.14-8。

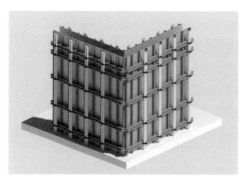 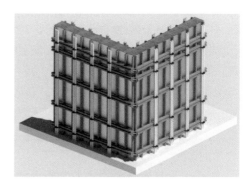

 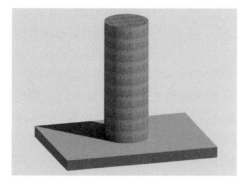

图 2.14-8　清水混凝土模型图

第3章

钢结构

3.1 整体描述

（1）钢结构安装应符合设计图纸和施工详图要求。

（2）地脚螺栓应采用可靠的方法定位，混凝土浇筑后确保其平面尺寸和标高符合设计图纸和验收规范要求，螺栓外漏长度符合要求，螺纹要做好保护。

（3）钢结构的主体结构的整体垂直度和整体平面弯曲的允许偏差应符合规范要求。钢柱、钢梁等构件的安装偏差应在规范允许范围内。

（4）钢柱等主要构件的中心线及标高基准点标记应齐全。桁架等设计要求起拱的构件，应按照设计要求进行起拱，起拱偏差应为正偏差。

（5）高强度螺栓连接摩擦面应保持干燥、清洁，不应有飞边、毛刺、焊接飞溅物、焊疤、氧化铁皮、污垢等。高强度螺栓应能自由穿入螺栓孔，紧固后外露丝扣符合规范要求。

（6）焊缝尺寸偏差、外观质量和内部质量应符合规范要求，焊缝与母材应圆滑过渡。焊接时的作业环境温度、相对湿度和风速等应符合相应要求。焊接引、熄弧板和衬板应符合相关规定和设计要求。设计或合同文件对焊后消除应力有要求时，应对焊件进行焊后消应力处理。

（7）钢结构防腐涂层厚度应符合设计文件要求。涂层应均匀，无明显皱皮、流坠、针眼和气泡等；金属热涂层的外观应均匀一致，涂层不得有气孔、裸露母材的斑点、附着不牢固的金属熔融颗粒、裂纹或影响使用寿命的其他缺陷。

（8）防火涂料使用类型及涂层厚度应符合设计文件要求，不应有误涂、漏涂，涂层应闭合，无脱层、空鼓、明显凹陷、粉化松散和浮浆、乳突等缺陷。

（9）螺栓球节点网架、网壳总拼完成后，高强度螺栓与球节点应紧固连接，连接处不应有间隙、松动和未拧紧等现象。其节点及杆件表面应干净，不应有明显的疤痕、泥沙和污垢。螺栓球节点应将所有接缝用油腻子填嵌严密，并将多余螺孔密封。

（10）管桁架钢构件应有预防管内进水、存水的构造措施，严禁钢管内存水。相贯节点方矩管端部表面不得有裂纹缺陷。

（11）钢平台、钢梯、钢栏杆应连接牢固，无明显外观缺陷。

（12）预应力施加完毕后，拉锁、拉杆、锚具、销轴及其他连接件应无损伤。

（13）膜结构安装完毕后，其外形和建筑观感应满足设计要求；膜表面应平整美观，无存水、渗水、漏水现象。

3.2　规范要求

3.2.1　钢结构施工主要相关规范、标准

本条所列的是与钢结构施工相关的主要国家和行业标准，也是各项目施工中经常查看的规范、标准。

《钢结构工程施工规范》GB 50755

《钢结构工程施工质量验收标准》GB 50205

《钢结构焊接规范》GB 50661

《钢结构防火涂料》GB 14907

《钢结构高强度螺栓连接技术规程》JGJ 82

《钢结构设计标准》GB 50017

《涂覆涂料前钢材表面处理　表面清洁度的目视评定　第1部分：未涂覆过的钢材表面和全面清除原有涂层后的钢材表面的锈蚀等级和处理等级》GB/T 8923.1

《建筑钢结构防腐蚀技术规程》JGJ/T 251

《建筑设计防火规范》GB 50016

《钢结构用高强度大六角头螺栓》GB/T 1228

《钢结构用高强度大六角螺母》GB/T 1229

《钢结构用高强度垫圈》GB/T 1230

《钢结构用高强度大六角头螺栓、大六角螺母、垫圈技术条件》GB/T 1231

《钢结构用扭剪型高强度螺栓连接副》GB/T 3632

《低合金高强度结构钢》GB/T 1591

《碳素结构钢》GB/T 700

《厚度方向性能钢板》GB/T 5313

《六角头螺栓》GB/T 5782

《六角头螺栓 C 级》GB/T 5780

《非合金钢及细晶粒钢焊条》GB/T 5117

《热强钢焊条》GB/T 5118

《熔化焊用钢丝》GB/T 14957

《埋弧焊用热强钢实心焊丝、药芯焊丝和焊丝-焊剂组合分类要求》GB/T 12470

《电弧螺柱焊用圆柱头焊钉》GB/T 10433

《钢结构设计制图深度和表示方法》03G102

《多、高层民用建筑钢结构节点构造详图》16G519

3.2.2　主要规范、标准强制性条文、规定

以下规范强制性条文、规定如有与通用规范不一致之处，均以通用规范的规定为准。

1.《钢结构工程施工规范》GB 50755—2012 强制性条文

第 11.2.4 条　钢结构吊装作业必须在起重设备的额定起重量范围内进行。

第 11.2.6 条　用于吊装的钢丝绳、吊装带、卸扣、吊钩等吊具应经检查合格，并应在其额定许用荷载范围内使用。

2.《钢结构工程施工质量验收标准》GB 50205—2020 强制性条文

第 4.2.1 条　钢板的品种、规格、性能应符合现行国家标准的规定并满足设计要求。钢板进场时，应按现行国家标准的规定抽取试件且应进行屈服强度、抗拉强度、伸长率和厚度偏差检验，检验结果应符合现行国家标准的规定。

检查数量：质量证明文件全数检查；抽样数量按进场批次和产品的抽样检验方案确定。

检验方法：检查质量证明文件和抽样检验报告。

第 4.3.1 条　型材和管材的品种、规格、性能应符合现行国家标准的规定并满足设计要求。型材和管材进场时，应按现行国家标准的规定抽取试件且应进行屈服强度、抗拉强度、伸长率和厚度偏差检验，检验结果应符合现行国家标准的规定。

检查数量：质量证明文件全数检查；抽样数量按进场批次和产品的抽样检验方案确定。

检验方法：检查质量证明文件和抽样检验报告。

第 4.4.1 条　铸钢件的品种、规格、性能应符合现行国家标准的规定并满足设计要求。铸钢件进场时，应按现行国家标准的规定抽取试件且应进行屈服强度、抗拉强度、伸长率和端口尺寸偏差检验，检验结果应符合现行国家标准的规定。

检查数量：质量证明文件全数检查；抽样数量按进场批次和产品的抽样检验方案确定。

检验方法：检查质量证明文件和抽样检验报告。

第 4.5.1 条　拉索、拉杆、锚具的品种、规格、性能应符合现行国家标准的规定并满足设计要求。拉索、拉杆、锚具进场时，应按现行国家标准的规定抽取试件且应进行屈服强度、抗拉强度、伸长率和尺寸偏差检验，检验结果应符合现行国家标准的规定。

检查数量：质量证明文件全数检查；抽样数量按进场批次和产品的抽样检验方案确定。

检验方法：检查质量证明文件和抽样检验报告。

第 4.6.1 条　焊接材料的品种、规格、性能应符合现行国家标准的规定并满足设计要求。

焊接材料进场时，应按现行国家标准的规定抽取试件且应进行化学成分和力学性能检验，检验结果应符合现行国家标准的规定。

检查数量：质量证明文件全数检查；抽样数量按进场批次和产品的抽样检验方案确定。

检验方法：检查质量证明文件和抽样检验报告。

第 4.7.1 条　钢结构连接用高强度螺栓连接副的品种、规格、性能应符合现行国家标准的规定并满足设计要求。高强度大六角头螺栓连接副应随箱带有扭矩系数检验报告，扭剪型高强度螺栓连接副应随箱带有紧固轴力（预拉力）检验报告。高强度大六角头螺栓连接副和扭剪型高强度螺栓连接副进场时，应按现行国家标准的规定抽取试件且应分别进行扭矩系数和紧固轴力（预拉力）检验，检验结果应符合现行国家标准的规定。

检查数量：质量证明文件全数检查；抽样数量按进场批次和产品的抽样检验方案确定。

检验方法：检查质量证明文件和抽样检验报告。

第5.2.4条　设计要求的一、二级焊缝应进行内部缺陷的无损检测，一、二级焊缝的质量等级和检测要求应符合表5.2.4的规定。

检查数量：全数检查。

检验方法：检查超声波或射线探伤记录。

一、二级焊缝的质量等级和检测要求

表5.2.4

焊缝质量等级		一级	二级
内部缺陷超声波探伤	缺陷评定等级	Ⅱ	Ⅲ
	检测等级	B级	B级
	检测比例	100%	20%
内部缺陷射线探伤	缺陷评定等级	Ⅱ	Ⅲ
	检测等级	B级	B级
	检测比例	100%	20%

注：二级焊缝检测比例的计数方法应按以下原则确定：工厂制作焊缝按照焊缝长度计算百分比，且探伤长度不小于200mm；当焊缝长度小于200mm时，应对整条焊缝进行探伤；现场安装焊缝应按照同类型、同施焊条件的焊缝条数计算百分比，且不少于3条焊缝。

第6.3.1条　钢结构制作和安装单位应分别进行高强度螺栓连接摩擦面（含涂层摩擦面）的抗滑移系数试验和复验，现场处理的构件摩擦面应单独进行摩擦面抗滑移系数试验，其结果应满足设计要求。

检查数量：按本标准附录B执行。

检验方法：检查摩擦面抗滑移系数试验报告及复验报告。

第8.2.1条　钢材、钢部件拼接或对接时所采用的焊缝质量等级应满足设计要求。当设计无要求时，应采用质量等级不低于二级的熔透焊缝，对直接承受拉力的焊缝，应采用一级熔透焊缝。

检查数量：全数检查。

检验方法：检查超声波探伤报告。

第11.4.1条　钢管（闭口截面）构件应有预防管内进水、存水的构造措施，严禁钢管内存水。

检查数量：全数检查。

检验方法：观察检查。

第13.2.3条　防腐涂料、涂装遍数、涂装间隔、涂层厚度均应满足设计文件、涂料产品标准的要求。当设计对涂层厚度无要求时，涂层干漆膜总厚度：室外不应小于$150\mu m$，室内不应小于$125\mu m$。

检查数量：按照构件数抽查10%，且同类构件不应少于3件。

检验方法：用干漆膜测厚仪检查。每个构件检测5处，每处的数值为3个相距50mm测点涂层干漆膜厚度的平均值。漆膜厚度的允许偏差应为$-25\mu m$。

第13.4.3条　膨胀型（超薄型、薄涂型）防火涂料、厚涂型防火涂料的涂层厚度及隔热性能应满足现行国家标准有关耐火极限的要求，且不应小于$200\mu m$。当采用厚涂型防火涂料涂装时，80%及以上涂层面积应满足现行国家标准有关耐火极限的要求，且最薄处厚度不应低于设计要求的85%。

检查数量：按照构件数抽查10%，且同类构件不应少于3件。

检验方法：膨胀型（超薄型、薄涂型）防火涂料采用涂层厚度测量仪，涂层厚度允许偏差应为-5%。厚涂型防火涂料的涂层厚度采用本标准附录E的方法检测。

附录E　厚涂型防火涂料涂层厚度测定方法

E.0.1　测针与测试图应符合下列规定：

① 测针（厚度测量仪）由针杆和可滑动的圆盘组成，圆盘始终保持与针杆垂直，并在其上装有固定装置，圆盘直径不大于30mm，以保证完全接触被测试件的表面。如果厚度测量仪不易插入测试材料中，也可使用其他适宜的方法测试。

② 测试时，将测厚探针（图E.0.1）垂直插入防火涂层直至钢基材表面上，记录标尺读数。

E.0.2　测点选定应符合下列规定：

① 楼板和防火墙的防火涂层厚度测定，可选两相邻纵、横轴线相交中的面积为一个单元，在其对角线上，按每米长度选一点进行测试。

② 全钢框架结构的梁和柱的防火涂层厚度测定，在构件长度内每隔3m取一截面，按图E.0.2所示位置测试。

③ 框架结构，上弦和下弦按第2条的规定每隔3m取一截面检测，其他腹杆每根取一截面检测。

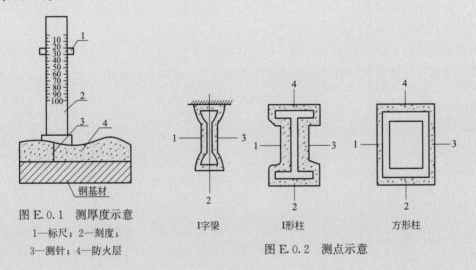

图E.0.1　测厚度示意
1—标尺；2—刻度；
3—测针；4—防火层

图E.0.2　测点示意

E.0.3　对于楼板和墙面，在所选择的面积中，至少测出5个点；对于梁和柱，在所选择的位置中，分别测出6个和8个点。分别计算出这些测量结果的平均值，精确到0.5mm。

3. 《钢结构焊接规范》GB 50661—2011 强制性条文

第4.0.1条　钢结构焊接工程用钢材及焊接材料应符合设计文件的要求，并应具有钢厂和焊接材料厂出具的产品质量证明书或检验报告，其化学成分、力学性能和其他质量要求应符合现行国家有关标准的规定。

第5.7.1条　承受动载需经疲劳验算时，严禁使用塞焊、槽焊、电渣焊和气电立焊接头。

第6.1.1条　除符合本规范6.6节规定的免予评定条件外，施工单位首次采用的钢材、焊接材料、焊接方法、接头形式、焊接位置、焊后热处理制度以及焊接工艺参数、预热和后热措施等各种参数的组合条件，应在钢结构构件制作及安装施工前进行焊接工艺评定。

第8.1.8条　抽样检验应按下列规定进行结果判定：

① 抽样检验的焊缝数不合格率小于2％时，该批验收合格。

② 抽样检验的焊缝数不合格率大于5％时，该批验收不合格。

③ 除本条第5款情况外抽样检验的焊缝数不合格率为2％～5％时，应加倍抽检，且必须在原不合格部位两侧的焊缝延长处各增加一处，在所有抽检焊缝中不合格率大于3％时，该批验收不合格。

④ 批量验收不合格时，应对该批余下的全部焊缝进行检验。

⑤ 检验发现1处裂纹缺陷时，应加倍抽查，在加倍抽检焊缝中未再检查出裂纹缺陷时，该批验收合格；检验发现多于1处裂纹缺陷或加倍抽查又发现裂纹缺陷时，该批验收不合格，应对该批余下焊缝的全数进行检查。

4.《钢结构防火涂料》GB 14907—2018 强制性条文

第5.1.5条　一般要求

膨胀型钢结构防火涂料的涂层厚度不小于1.5mm，非膨胀型钢结构防火涂料的涂层厚度不应小于15mm。

第5.2.1条　性能要求

室内钢结构防火涂料的理化性能应符合表5.2.1的规定。

室内钢结构防火涂料的理化性能　　　　　表5.2.1

| 序号 | 理化性能项目 | 技术指标 | | 缺陷类别 |
		膨胀型	非膨胀型	
1	在容器中的状态	经搅拌后呈均匀细腻状态或稠厚流体状态，无结块	经搅拌后呈均匀稠厚流体状态，无结块	C
2	干燥时间（表干）(h)	≤12	≤24	C
3	初期干燥抗裂性	不应出现裂纹	允许出现1～3条裂纹，其宽度应≤0.5mm	C
4	粘结强度(MPa)	≥0.15	≥0.04	A
5	抗压强度(MPa)	—	≥0.3	C
6	干密度(kg/m³)	—	≤500	C
7	隔热效率偏差	±15％	±15％	—
8	pH值	≥7	≥7	C
9	耐水性	24h试验后，涂层应无起层、发泡、脱落现象，且隔热效率衰减量应≤35％	24h试验后，涂层应无起层、发泡、脱落现象，且隔热效率衰减量应≤35％	A
10	耐冷热循环性	15次试验后，涂层应无开裂、剥落、起泡现象，且隔热效率衰减量应≤35％	15次试验后，涂层应无开裂、剥落、起泡现象，且隔热效率衰减量应≤35％	B

注：1. A为致命缺陷，B为严重缺陷，C为轻缺陷；"—"表示无要求。
　　2. 隔热效率偏差只作为出厂检验项目。
　　3. pH值只适用于水基性钢结构防火涂料。

第5.2.2条 性能要求

室外钢结构防火涂料的理化性能应符合表5.2.2的规定。

室外钢结构防火涂料的理化性能　　　　　　　　表5.2.2

序号	理化性能项目	技术指标		缺陷类别
		膨胀型	非膨胀型	
1	在容器中的状态	经搅拌后呈均匀细腻状态或稠厚流体状态,无结块	经搅拌后呈均匀稠厚流体状态,无结块	C
2	干燥时间(表干)(h)	≤12	≤24	C
3	初期干燥抗裂性	不应出现裂纹	允许出现1~3条裂纹,其宽度应≤0.5mm	C
4	粘结强度(MPa)	≥0.15	≥0.04	A
5	抗压强度(MPa)	—	≥0.5	C
6	干密度(kg/m³)	—	≤650	C
7	隔热效率偏差	±15%	±15%	—
8	pH值	≥7	≥7	B
9	耐水性	720h试验后,涂层应无起层、发泡、脱落现象,且隔热效率衰减量应≤35%	720h试验后,涂层应无起层、发泡、脱落现象,且隔热效率衰减量应≤35%	B
10	耐湿热性	504h试验后,涂层应无起层、脱落现象,且隔热效率衰减量应≤35%	504h试验后,涂层应无起层、脱落现象,且隔热效率衰减量应≤35%	B
11	耐冷热循环性	15次试验后,涂层应无开裂、剥落、起泡现象,且隔热效率衰减量应≤35%	15次试验后,涂层应无开裂、剥落、起泡现象,且隔热效率衰减量应≤35%	
12	耐酸性	360h试验后,涂层应无起层、开裂、剥落、起泡现象,且隔热效率衰减量应≤35%	360h试验后,涂层应无起层、开裂、剥落、起泡现象,且隔热效率衰减量应≤35%	
13	耐盐雾腐蚀性	30次试验后,涂层应无起泡,明显的变质、软化现象,且隔热效率衰减量应≤35%	30次试验后,涂层应无起泡,明显的变质、软化现象,且隔热效率衰减量应≤35%	
14	耐紫外线辐照性	60次试验后,涂层应无起层、开裂、粉化现象,且隔热效率衰减量应≤35%	60次试验后,涂层应无起层、开裂、粉化现象,且隔热效率衰减量应≤35%	

注:A为致命缺陷,B为严重缺陷,C为轻缺陷;"—"表示无要求。

第5.2.3条 性能要求

钢结构防火涂料的耐火性能应符合表5.2.3的规定。

钢结构防火涂料的耐火性能　　　　　　　　表5.2.3

产品分类	耐火性能									
	膨胀型				非膨胀型					
普通钢结构防火涂料	$F_P0.50$	$F_P1.00$	$F_P1.50$	$F_P2.00$	$F_P0.50$	$F_P1.00$	$F_P1.50$	$F_P2.00$	$F_P2.50$	$F_P3.00$
特种钢结构防火涂料	$F_P0.50$	$F_P1.00$	$F_P1.50$	$F_P2.00$	$F_P0.50$	$F_P1.00$	$F_P1.50$	$F_P2.00$	$F_P2.50$	$F_P3.00$

注:耐火性能试验结果适用于同种类型且截面系数更小的基材。

5.《钢结构高强度螺栓连接技术规程》JGJ 82—2011 强制性条文

第 4.3.1　每一杆件在高强度螺栓连接节点及拼接接头的一端，其连接的高强度螺栓数量不应少于 2 个。

第 6.1.2 条　高强度螺栓连接副应按批次配套进场，并附有出厂质量保证书。高强度螺栓连接副应在同批内配套使用。

第 6.2.6 条　高强度螺栓连接处的钢板表面处理方法及除锈等级应符合设计要求。连接处钢板表面应平整，无焊接飞溅、无毛刺、无油污。经处理后的摩擦型高强度螺栓连接的摩擦面抗滑移系数应符合设计要求。

第 6.4.5 条　在安装过程中，不得使用螺纹损伤及沾染脏物的高强度螺栓连接副，不得用高强度螺栓兼作临时螺栓。

第 6.4.8 条　安装高强度螺栓时，严禁强行穿入。当不能自由穿入时，该孔应用铰刀进行修整，修整后孔的最大直径不应大于 1.2 倍螺栓直径，且修孔数量不应超过该节点螺栓数量的 25%。修孔前应将四周螺栓全部拧紧，使板迭密贴后再进行铰孔。严禁气割扩孔。

3.3　管理规定

（1）创建精品工程应以质量优良、安全生产、成本低廉、采取最优方案及绿色施工为原则，遵循 PDCA 的科学管理方法，应进行工程创优总体策划，做到策划先行，样板引路，过程控制，持续改进。

（2）钢结构施工详图应以满足钢结构施工构造、施工工艺、构件运输等有关技术要求为原则，根据结构设计文件和有关技术文件进行编制，并经原设计单位确认后方可实施。当需要进行节点设计和优化时，节点设计文件也应经原设计单位确认。

（3）施工前应编制工程质量计划、施工组织设计、施工方案、焊接工艺评定、技术交底及作业指导书，经审批通过后，方可实施。必要时需要对施工方案进行专家论证。

（4）应通过控制网及坐标定位法，进行精确测量与定位，精准控制各类标高、平面位置。通过平立面图、BIM 技术等多种手段进行实体质量控制。安装钢柱时，每节柱的定位轴线应从地面控制线直接引上，不得从上下层钢柱的轴线引上。

（5）钢结构用所有钢材、主材、焊材、高强度螺栓连接副、焊钉及焊接瓷环等主材、辅材应有产品合格证书和性能检测报告，其品种、规格、性能等应符合国家现行产品标准和设计图纸要求。

（6）钢构件进场要进行验收，其规格、尺寸偏差应符合图纸和规范要求；进场资料及合格证等资料应齐全、有效。运输过程中的磕碰、变形等应及时进行修补；当确认现场无法修补时应及时办理退场手续，返厂进行修理或重新加工。

（7）焊工必须经焊接考试合格并取得合格证书。焊缝焊接完成后应进行外观检查，设计要求全熔透的一、二级焊缝应采用超声波探伤进行内部缺陷的检查。现场焊缝组对间隙的允许偏差符合规范要求。冬期施工时应采取必要的焊前预热和焊后保温措施；风速过大时应设置防风棚。

（8）焊钉焊接后应进行外观检查，外观检查合格后进行弯曲试验检查，其焊缝和热影响区不应有肉眼可见的裂纹。

（9）高强度螺栓连接副的施拧顺序和初拧、终拧扭矩应满足设计要求并符合现行行业标准。施工高强度螺栓时要注意严禁气割扩孔和强行穿入。施工完成后应及时进行扭矩和外漏丝扣的检查。

（10）安装的测量校正、高强度螺栓安装、负温度下施工及焊接工艺等，应在安装前进行工艺试验或评定，并在此基础上制订相应的施工工艺或方案。

（11）安装偏差的检测，应在结构形成空间稳定单元并连接固定且临时支撑结构拆除前进行，其偏差应符合规范要求。

（12）基础混凝土强度达到75%以上时方可开始进行钢柱吊装。

（13）在形成空间稳定单元后，应及时对柱底板和基础顶面的空隙进行细石混凝土、灌浆料等二次浇灌。

（14）钢结构安装时必须控制屋面、楼面和平台等的施工荷载，施工荷载和冰雪荷载严禁超过梁、桁架、楼面板、屋面板、平台铺板等的承载能力。

（15）钢结构防腐涂料、涂装遍数、涂装间隔、涂层厚度均应满足设计文件、涂装产品标准的要求。设计没有具体要求时，应符合现行的钢结构防腐设计规范要求。宜选用相同品牌及牌号的底漆、中间漆、防火涂料、面漆等产品配套使用。在施工过程中，连接焊缝、紧固件及其连接节点的构件涂层被损伤的部位，应编制专项涂层修补工艺方案，且应满足设计文件和涂装工艺相关要求。

（16）预应力索膜结构安装应有专项施工方案和相应的检测措施并应经设计和监理认可。

（17）钢网架、网壳结构总拼完成后及屋面工程完工后应分别测量其挠度值，其值应符合规范要求。钢网架、网壳结构安装完成后允许偏差应符合设计文件和规范要求。

（18）组合楼板安装时，板与板之间扣合应紧密，防止混凝土浇筑时漏浆。其管线敷设应提前进行路由优化设计。需要在楼板上开洞时应经设计认可，现场进行定位。当设计要求施工阶段进行临时支撑时，应按设计要求在相应位置设置临时支撑。

（19）高层钢结构、大跨度空间结构、高耸结构等大型重要钢结构工程，应按设计要求和合同约定进行施工监测。钢结构施工期间，可对结构变形、结构内力、环境容量等内容进行过程监测。

3.4　深化设计

（1）钢结构施工详图是依据钢结构设计施工图和施工工艺技术要求，绘制的用于直接指导钢结构制作和安装的细化技术图纸。

（2）钢结构施工详图应根据钢结构设计文件和有关技术文件进行编制，并应经原设计单位确认；当需要进行节点设计时，节点设计文件也应经原设计单位确认。

（3）钢结构施工详图设计应满足钢结构施工构造、施工工艺、构件运输等有关技术要求。

（4）钢结构施工详图应包括图纸目录、设计总说明、构件布置图、构件详图和安装节点详图等内容；图纸表达应清晰、完整，空间复杂结构和节点的施工详图，宜增加三维图形表示。

（5）构件重量应在钢结构施工详图中计算列出，钢板零部件重量宜按矩形计算，焊缝重量宜以焊接构件重量的 1.5％计算。

（6）基本准则：

设计文件无明确要求时，所有刚接节点按等强连接设计；所有铰接连接按照设计要求的相关规范进行验算。

节点设计尽可能响应原设计，如发现原设计确实不合理，提出自己的合理化建议后，经原设计院认可，方可进行优化设计。

深化设计图中的杆件本体焊缝以及连接节点焊缝、螺栓等应严格按照施工图要求进行。

所有节点的设计，除满足强度要求外，尚应考虑结构简洁、传力清晰、现场安装可操作性强。

材料长度不够引起的对接焊缝，其拼接位置应满足《钢结构工程施工质量验收标准》GB 50205 的要求。

（7）加工制作方面：

深化建模过程中不但要考虑安装运输对深化设计的要求，还应紧密结合制作工艺方案。深化设计人员在建模过程中要了解零部件的工厂加工方法，车间施工用器具的使用方法，零部件的工厂组装顺序，厚管的焊接处理方法，季节变化对加工制作的影响。通过对这些的了解使建模时在依据原设计意图的前提下，结合工艺方案，对节点进行构造等处理。

深化图纸中应提供工艺方案所需的所有信息，深化人员应在图纸中明确地表示构件组装所需的尺寸、零部件编号、数量、材质，特别是焊缝的形式，除深化总说明之外特殊构件的要求、说明（图 3.4-1～图 3.4-4）。

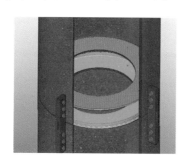

图 3.4-1　封闭构件内工艺隔板设计

图 3.4-2　复杂构件过焊孔及焊缝设计

图 3.4-3　焊接坡口设计

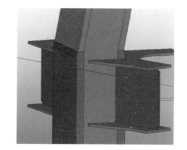

图 3.4-4　板对接位置设计

（8）深化设计分段原则：考虑到工厂加工、制作、安装和运输条件的限制，同时深化设计时还应充分考虑现场组装、安装时的吊装问题，要了解现场施工方案及大型吊装、提升、滑移等设备的配置方案，复核现场提供的构件分段分节是否合理，对超重的构件及时和现场进行沟通，重新对构件单元进行划分，达到构件单元合理、可靠。

（9）深化设计对起拱变形的考虑。当钢构件跨度较大时（网架、桁架等），深化设计前需要和设计单位及时沟通协调，对接现场，提前考虑现场施工过程中的变形量，在钢结构深化图纸中反映出每根钢构件需要起拱的数值，以便在制作安装时予以修正，使结构卸载后满足设计变形要求（图3.4-5）。

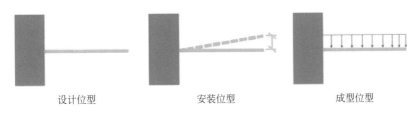

设计位型　　　　　安装位型　　　　　成型位型

图 3.4-5　设计、安装、成型位型

（10）深化设计对运输过程的考虑。深化设计阶段应充分考虑到运输过程中的安全措施，根据运输方案设置相应的临时措施，如设置绑扎用临时耳板等，尽量减短绑扎绳索的长度，改善绳索的线弹性变量，将构件在运输过程中的晃动降到最小，以达到运输安全、可靠的目的。如遇到弯扭多、易变形特点的钢构件，为保证构件在运输过程中不变形，深化设计时应在不影响原结构受力的情况下，对构件进行加固。

（11）深化设计对节点优化的考虑。节点优化的基本原则：节点内力传递途径简洁，受力明确，节点构造应尽量与计算简图保持一致，以确保安全；节点应有足够的强度和所需的刚度；节点应具有良好的延性。节点连接构造力求简单，便于加工制作、运输、调整和维护，尽可能减少工地拼装的工作量，确保质量，提高工效。常见节点要有计算书，特殊复杂节点要进行有限元分析。厚板焊接避免焊缝集中，并且要采取一定的防撕裂设计和措施。因为仰焊焊接质量不容易保证，深化时尽量不要设置仰焊坡口。

（12）深化设计对现场安装的考虑。考虑现场安装节点是否能够有足够的施工空间（焊接或螺栓施工）；箱形构件设置手孔，钢构件要合理设置吊耳（在构件重心）及各种方便现场连接的措施。如钢梁设置安装卡板（图3.4-6）、连接板、吊耳等（图3.4-7）；未封闭空腹构件开设排水孔；劲性结构加设钢筋接驳器或连接板（图3.4-8）；具备条件的钢梁提前设置安全围网挂钩（图3.4-9），钢柱设置施工人员上下爬梯（图3.4-10）。

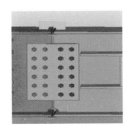

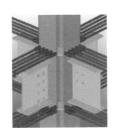

图 3.4-6　吊装卡板　　　图 3.4-7　临时连接板　　　图 3.4-8　钢筋连接

图 3.4-9 安全围网挂钩

图 3.4-10 爬梯

（13）深化设计对其他相关专业的考虑。对于土建专业，提前分析钢筋排布情况，根据实际情况设置钢筋预留孔、钢筋连接板、钢筋接驳器。提前考虑预应力线路布置方向，预留相应孔道，钢构件局部是否需要采取补强措施。另外，构件加工制作需要同时考虑结构和建筑标高，尤其是电扶梯专业门洞尺寸及标高复核问题。对于幕墙专业，提前考虑设置预埋件，复核幕墙专业与钢结构相结合部位的受力需求、连接方式等细部构造，避免后期出现返工现象。擦窗机相关位置提前设置，采取预留方案。关于机电专业，提前进行策划，考虑机电管线，在钢结构上开洞，进行位置碰撞设计，加工厂开洞要采取补强设计措施，避免现场开洞影响钢结构安全稳定性。在深化设计过程中需要考虑结构安全稳定性，各个专业在后续施工中难免出现变更，钢结构深化设计应增加部分杆件设计预留量，以及后期在钢结构构件上施工焊接时，需要对主要事项作说明。

3.5 单层钢结构

3.5.1 适用范围

适用于单层钢结构工业厂房、民用房屋等安装。

3.5.2 质量要求

1. 门式刚架

1）钢结构安装前应对房屋的定位轴线、基础轴线、标高、地脚螺栓位置等进行检查，并应进行基础复测和与基础施工方办理交接验收。

2）刚架柱脚的锚栓应采用可靠方法定位，房屋的平面尺寸除应测量直角边长外，尚应测量对角线长度。在钢结构安装前，均应校对锚栓的空间位置，确保基础顶面的平面尺寸和标高符合设计要求。

3）基础顶面直接作为柱的支承面和基础顶面预埋钢板或支座作为柱的支承面时，支承面标高误差不大于±3mm、水平度误差不大于柱脚底板最大平面尺寸的千分之一；地脚螺栓（锚栓）中心偏差不大于5mm，螺栓露出长度不小于0mm且不大于20mm，预留孔中心偏差不大于10mm。

4）柱基础二次浇筑的预留空间，当柱脚铰接时不宜大于50mm，柱脚刚接时不宜大于 100mm。柱脚安装时柱标高精度控制，可采用在底板下的地脚螺栓上加调整螺母的方法进行（图 3.5-1）。

5）门式刚架轻型房屋钢结构在安装过程中，应根据设计和施工工况要求，采取措施保证结构整体稳固性。

6）主构件的安装应符合下列规定：

（1）安装顺序宜先从靠近山墙的有柱间支撑的两端刚架开始。在刚架安装完毕后，应将其间的支撑、隅撑等全部装好，并检查其垂直度。以这两榀刚架为起点，向房屋另一端顺序安装。

（2）刚架安装宜先立柱子，将在地面组装好的斜梁吊装就位，并与柱连接。

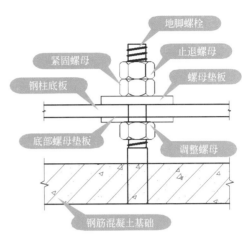

图 3.5-1 地脚螺栓安装示意图

（3）钢结构安装在形成空间刚度单元并校正完毕后，应及时对柱底板和基础顶面的空隙采用细石混凝土二次浇筑。对跨度大、侧向刚度小的构件，在安装前要确定构件重心，应选择合理的吊点位置和吊具，对重要的构件和细长构件应进行吊装前的稳定性验算，并根据验算结果进行临时加固，构件安装过程中宜采取必要的牵拉、支撑、临时连接等措施。

（4）在安装过程中，应减少高空安装工作量。在起重设备能力允许的条件下，宜在地面组拼成扩大安装单元，对受力大的部位宜进行必要的固定，可增加吊装梁、滑轮组等辅助手段，应避免盲目冒险吊装。

（5）对大型构件的吊点应进行安装验算，使各部位产生的内力小于构件的承载力，不至于产生永久变形。

7）钢结构安装的校正应符合下列规定：

（1）钢结构安装的测量和校正，应事前根据工程特点，编制测量工艺和校正方案。

（2）刚架柱、梁、支撑等主要构件安装就位后，应立即校正。校正后，应立即进行永久性固定。

（3）有可靠依据时，可利用已安装完成的钢结构吊装其他构件和设备。操作前应采取相应的保证措施。

（4）设计要求顶紧的节点，接触面应有不低于 70% 的面紧贴，用 0.3mm 厚的塞尺检查，可插入的面积之和不得大于顶紧节点总面积的 20%，边缘最大间隙不应大于 0.5mm。

（5）刚架柱安装的偏差必须小于表 3.5-1 规定的允许偏差。

刚架柱安装的允许偏差   表 3.5-1

序号	项目	允许偏差(mm)	图示
1	柱脚底座中心线对定位轴线的偏移(Δ)	5.0	

续表

序号	项目		允许偏差(mm)	图示
2	柱基准点标高	有吊车梁的柱	+3.0 −5.0	基准点
3		无吊车梁的柱	+5.0 −8.0	
4	挠曲矢高		$H/1000$ 10.0	
5	柱轴线垂直度	单层柱 $H \leqslant 12m$	10.0	
6		单层柱 $H > 12m$	$H/1000$ 20.0	
7		多层柱 底层柱	10.0	
8		多层柱 柱全高	20.0	
9	柱顶标高(Δ)		$\leqslant \pm 10.0$	

（6）刚架斜梁安装的偏差必须小于表 3.5-2 规定的允许偏差。

刚架斜梁安装的允许偏差 表 3.5-2

项目		允许偏差(mm)
梁跨中垂直度		$H/500$
梁翘曲	侧向	$L/1000$
	垂直方向	+10.0,−5.0
相邻梁接头部位	中心错位	3.0
	顶面高差	2.0
相邻梁顶面高差	支承处	1.0
	其他处	$L/500$

注：H 为梁跨中断面高度，L 为相邻梁跨度的最大值。

（7）吊车梁安装的偏差必须小于表 3.5-3 规定的允许偏差。

吊车梁安装的允许偏差 表 3.5-3

序号	项目	允许偏差(mm)	图例
1	梁的跨中垂直度(Δ)	$h/500$	

续表

序号	项目	允许偏差（mm）	图例
2	侧向弯曲矢高	L/1500 10.0	
3	垂直上拱矢高	10.0	
4	两端支座中心位移（Δ）： 安装在钢柱上时， 对牛腿中心的偏移	5.0	
5	吊车梁支座加劲板中心 与柱子承压 加劲板中心的偏移（Δ）	t/2	
6	同一跨间内同一横截面 吊车梁顶面高差 （Δ）： 支座处 其他处	10.0 15.0	
7	同一跨间任一横截面的 吊车梁中心跨距 （L）	±10.0	
8	同一列相邻两柱吊车 梁顶面高差（Δ）	L/1500 10.0	
9	相邻两吊车梁接头部位 错位（Δ）： 中心错位顶面高差	2.0 1.0	

8）主钢结构安装调整好后，应张紧柱间支撑、屋面支撑等受拉支撑构件。

9）檩条、墙梁的安装应符合下列规定：

（1）根据安装单元的划分，主构件安装完毕后应立即进行檩条、墙梁等次构件的安装。

(2) 校正后，应立即进行永久性固定，除最初安装的两榀刚架外，其余刚架间檩条、墙梁等的螺栓均应在校准后再拧紧。

(3) 檩条和墙梁安装时，应及时设置撑杆或拉条并拉紧，但不应将檩条和墙梁拉弯。

(4) 檩条和墙梁等冷弯薄壁型钢构件吊装时应采取适当措施，防止产生永久变形，并应垫好卸扣与构件的接触部位。

(5) 不得利用已安装就位的檩条和墙梁构件起吊其他重物。

10）墙板和屋面板的安装应符合下列规定：

(1) 在安装墙板和屋面板时，墙梁和檩条应保持平直。

(2) 隔热材料应平整铺设，两端应固定到结构主体上，采用单面隔汽层时，隔汽层应置于建筑物的内侧。隔汽层的纵向和横向搭接处应粘结或缝合。位于端部的毡材应利用隔汽层反折封闭。当隔汽层材料不能承担隔热材料自重时，应在隔汽层下铺设支承网。

(3) 固定式屋面板与檩条连接及墙板与墙梁连接时，螺钉中心距不宜大于 300mm。房屋端部与屋面板端头连接，螺钉的间距宜加密。屋面板侧边搭接处钉距可适当放大，墙板侧边搭接处钉距可比屋面板侧边搭接处进一步加大。

(4) 在屋面板的纵横方向搭接处，应连续设置密封胶条。檐口处的搭接边除设置胶条外，尚应设置与屋面板剖面形状相同的堵头。

(5) 在角部、屋脊、檐口、屋面板孔口或突出物周围，应设置具有良好密封性能和外观的泛水板或包边板。

(6) 安装压型钢板屋面时，应采取有效措施将施工荷载分布至较大面积，防止因施工荷载集中造成屋面板局部压屈。

(7) 在屋面上施工时，应采用安全绳等安全措施，必要时应采用安全网。

(8) 压型钢板铺设要注意常年风向，板肋搭接应与常年风向相背。

(9) 每安装 5～6 块压型钢板，应检查板两端的平整度，当有误差时，应及时调整。

(10) 压型钢板安装的偏差必须小于表 3.5-4 规定的允许偏差。

压型钢板安装的允许偏差　　　　　　　　　　　　　表 3.5-4

项目	允许偏差（mm）
在梁上压型钢板相邻列的错位	10.0
檐口处相邻两块压型钢板端部的错位	5.0
压型钢板波纹线对屋脊的垂直度	$L/1000$
墙面板波纹线的垂直度	$H/1000$
墙面包角板的垂直度	$H/1000$
墙面相邻两块压型钢板下端的错位	5.0

注：H 为房屋高度；L 为压型钢板长度。

2. 单层厂房

(1) 建筑物定位轴线、基础上柱的定位轴线和标高应满足设计要求。当设计无要求时应符合表 3.5-5 的规定。

建筑物定位轴线、基础上柱的定位轴线和标高的相关规定　　　　　表 3.5-5

项目	允许偏差(mm)	图例
建筑物定位轴线	$l/20000$,且不应大于 3.0	
基础上柱的定位轴线	1.0	
基础上柱底标高	±3.0	

注：l 为建筑物尺寸。

（2）基础顶面直接作为柱的支承面或以基础顶面预埋钢板或支座作为柱的支承面时，其支承面标高误差不大于±3mm，水平度误差不大于柱脚底板最大平面尺寸的千分之一；地脚螺栓（锚栓）中心偏差不大于 5mm，预留孔中心偏移不大于 10mm。

（3）采用坐浆垫板时，坐浆垫板的允许偏差应符合表 3.5-6 的规定。

坐浆垫板的允许偏差　　　　　表 3.5-6

项目	允许偏差(mm)
顶面标高	0 −3.0
平面位置	20.0
底面标高	0 −5.0
柱脚轴线对柱定位轴线的偏差	1.0

（4）钢柱几何尺寸应满足设计要求并符合本标准的规定。运输、堆放和吊装等造成的钢构件变形及涂层脱落，应进行矫正和修补。

（5）设计要求顶紧的构件或节点、钢柱现场拼接接头接触面不应少于70%密贴，且边缘最大间隙不应大于 0.8mm。

（6）钢柱表面应干净，结构主要表面不应有疤痕、泥沙等污垢，钢柱等主要构件的中心线、标高基准点等标记应齐全，钢柱安装的允许偏差应符合表 3.5-7 的规定。

钢柱安装的允许偏差   表 3.5-7

项目		允许偏差（mm）	图例	检验方法
柱脚底座中心线对定位轴线的偏移 Δ		5.0		用吊线和钢尺等实测
柱子定位轴线的偏移 Δ		1.0		—
柱基准点标高	有吊车梁的柱	$+3.0$ -5.0		用水准仪等实测
	无吊车梁的柱	$+5.0$ -8.0		
弯曲矢高		$H/1200$,且不大于 15.0	—	用经纬仪或拉线和钢尺等实测
柱轴线垂直度	单层柱 单节柱	$H/1000$,且不大于 25.0		用经纬仪或吊线和钢尺等实测
	单层柱 单节柱	$H/1000$,且不大于 10.0		
	多层柱 柱全高	35.0		

项目	允许偏差（mm）	图例	检验方法
钢柱安装偏差 Δ	3.0		用钢尺实测
同一层柱的各柱顶高度差 Δ	5.0		用全站仪、水准仪等实测

注：H 为柱高。

（7）钢屋（托）架、钢框架、钢梁、次梁的垂直度和侧向弯曲矢高的允许偏差应符合表 3.5-8 的规定。

钢屋（托）架、钢框架、钢梁、次梁的垂直度和侧向弯曲矢高的允许偏差　表 3.5-8

项目	允许偏差(mm)		图例
跨中的垂直度	$h/250$,且不大于 15.0		
侧向弯曲矢高 f	$l \leqslant 30\text{m}$	$l/1000$,且不应大于 10.0	
	$30\text{m}<l\leqslant60\text{m}$	$l/1000$,且不应大于 30.0	
	$l>60\text{m}$	$l/1000$,且不应大于 50.0	

注：h 为高度，l 为跨度。

111

（8）主体钢结构整体立面偏移和整体平面弯曲的允许偏差应符合表3.5-9的规定。

主体钢结构整体立面偏移和整体平面弯曲的允许偏差 　　　　　表3.5-9

项目	允许偏差(mm)		图例
主体结构的整体立面偏移	单层	$H/1000$，且不大于25.0	
	高度60m以下的多高层	$(H/2500+10)$，且不大于30.0	
	高度60～100m的高层	$(H/2500+10)$，且不大于50.0	
	高度100m以上的高层	$(H/2500+10)$，且不大于80.0	
主体结构的整体平面弯曲	$l/1500$，且不大于50.0		

注：H 为高度，l 为跨度。

（9）单层主体钢结构总高度允许偏差不大于设计高度的千分之一，且不大于±20mm。

3.5.3 工艺流程

柱脚锚栓预埋→测量定位→钢柱安装→测量→柱间支撑及系杆安装→柱脚灌浆→屋面梁及支撑安装→测量→高强度螺栓及焊接连接→吊车梁安装→测量→屋面及墙面檩条安装→主体结构验收→围护系统安装。

3.5.4 精品要点

1. 柱脚锚栓安装——定位支架牢靠，黄油保护

（1）根据锚栓平面尺寸，加工锚栓定位板，通过定位板与锚栓固定在一起，整体预埋至混凝土基础或梁、柱中。

（2）对于锚栓数量小于等于6个的锚栓群，定位板可以直接放置在钢筋上表面与钢筋进行点焊固定，下表面通过采取短钢筋料头分别与锚栓和混凝土基础或梁、柱钢筋进行点焊固定，固定不小于4个方向，确保锚栓牢靠（图3.5-2）。

（3）对于锚栓数量大于6个的锚栓群，通常采用定位支架对锚栓进行固定。支架立柱一般采用L63×6的角钢，对于超过一定高度的支架，四周需采用斜撑进行加固；具体需根据实际情况进行计算。定位支架直接放置于基础底部钢筋上或者梁、柱施工分层位置，采用膨胀螺栓进行固定（图3.5-3）。

（4）定位支架或者定位板施工前需提前在钢筋上弹出定位线，施工人员根据定位线进行初步安装，待安装就位，采用全站仪进行复核，根据结构进行微调，满足施工要求后，固定牢靠。

（5）施工完毕进行隐蔽报验，报验完成后用硬质牛皮纸包裹黄油对裸露丝杆进行成品保护（图3.5-4）。

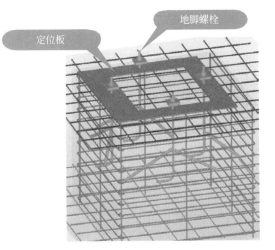

图 3.5-2　柱脚锚栓预埋示意图（1）　　　　　图 3.5-3　柱脚锚栓预埋示意图（2）

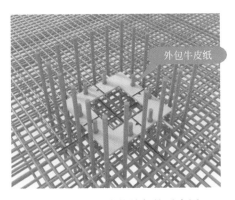

图 3.5-4　柱脚锚栓保护示意图

2. 杯口柱脚安装——定位弹线、紧固装置

（1）混凝土基础浇筑完毕后，在混凝土基础顶上进行测量放线，弹出钢柱十字定位线；在待安装钢柱上放出标高定位点及钢柱中心线，标高点距基础顶 500mm，中心线至少两个方向，位置在基础顶部上下各 200mm（图 3.5-5）。

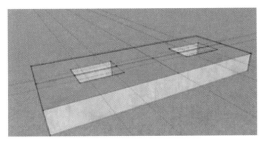

图 3.5-5　基础、钢柱测量放线示意图

（2）预先在杯口底部设置垫块，在钢柱上焊接短牛腿，就位后通过千斤顶进行微调，调整完毕后，采用楔形垫块在四个方向把钢柱固定牢靠。

3. 钢柱安装——反光贴贴好，缆风绳拉好

（1）安装柱子前，在距柱顶 200mm 位置放置反光贴，钢柱四个吊耳上拉设不小于 ϕ16 的缆风绳。

（2）缆风绳固定在四周基础梁上，如果没有固定条件，可埋设地锚进行固定，地锚深度不小于 2.5m。缆风绳与地面夹角宜在 30°～45°，缆风绳上可以采用花篮螺栓进行紧固，也可采用拉链进行紧固（图 3.5-6）。

（3）钢柱安装宜先从带有柱间支撑的钢柱开始，该区段安装完成后，以此为基准逐步向一侧或者两侧安装（图 3.5-7）。

图 3.5-6　缆风绳示意图　　　　　　　　图 3.5-7　钢柱安装示意图

（4）钢柱安装完后对钢柱进行整体矫正，以两端钢柱作为基准进行拉线或者红外线激光矫正，确保整排钢柱顺直。

（5）矫正完毕后进行柱脚灌浆，灌浆料采用比原基础强度等级高一级的高强灌浆料，灌浆时注意柱底一定要开设透气孔，确保灌浆密实（图 3.5-8）。

4. 屋面梁安装——吊装计算，挠度监控

（1）安装前进行吊点验算，确保钢梁吊装过程安全，不失稳。并根据钢梁拼装长度，每侧设置两道或者四道缆风绳。钢梁底部预先设置好反光贴，分别在跨中、1/4 跨位置（仅跨度大于 36m）设置。

（2）钢梁安装同钢柱安装：先安装带有水平支撑的钢梁，待钢梁间形成空间稳定体系后，以此为基准，向一侧或者两侧进行逐榀安装（图 3.5-9）。

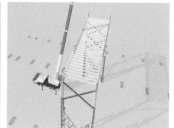

图 3.5-8　柱脚灌浆示意图　　　　　　　图 3.5-9　屋面梁安装示意图

（3）安装完成后，同步记录钢梁的挠度变化情况，然后在安装檩条、屋面板等后续工序时及时观察挠度变化，发现问题及时上报（图 3.5-10）。

5. 高强度螺栓及焊接连接——螺栓朝向同侧，登高车作业

（1）施工前，高强度螺栓连接摩擦面系数及螺栓材料复试合格。

（2）高强度螺栓安装时，应所有螺母均朝同侧布置，施拧时采用冲钉冲孔，严禁直接采用锤击把高强度螺栓敲进。施拧安装按先中间后两边、由近及远的顺序。

（3）一般采用扭剪型高强度螺栓，梅花头拧断即为终拧。最终露丝长度以 1～3 丝为宜。

（4）高强度螺栓施工属于高空作业，需采用登高曲臂车进行施工，安全又方便（图 3.5-11）。

图 3.5-10　现场测量记录钢梁挠度图　　　　图 3.5-11　现场安装高强度螺栓图

6. 吊车梁安装——预起拱、分中标记要做好

（1）对于跨度超过 6m 的吊车梁要进行起拱，起拱值 $l/500$（l 为跨度）。

（2）安装前在钢柱牛腿上做好吊车梁对中标记以及标高记录数据，发现偏差及时调整吊车梁支座板。对应吊车梁端部也做好对中标记，以便安装参照。

（3）安装前进行吊装模拟，防止汽车吊臂碰撞已安装好的钢梁或者屋面支撑。如有碰撞，可以提前预留安装洞口，规避碰撞。

（4）安装时，从中间向两端安装，减少整体偏差。安装完成后要整体超平，通过两端基线进行控制（图 3.5-12）。

 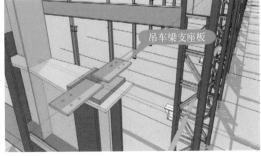

图 3.5-12　吊车梁安装示意图

7. 檩条安装——弹线化一，安全防护

（1）檩条安装前在屋架上焊接立杆，并绑好檩条上表面基准线。

115

图 3.5-13　现场铺设安全网图

（2）根据基准线，锁定檩条高度，注意连接板上需开长圆孔，便于调节，长圆孔大小以高度方向直径＋20mm 为宜。

（3）安装时两个工人配合施工，下部满铺安全网（图 3.5-13），两侧及底部距边缘 1m 位置设置防坠落措施。

8. 围护系统安装——间隔检查，细部构造

（1）屋面板较长时应从常年风向的下风向开始铺设，每安装 5～10 块板，检查一次平整度和宽度，确保与第一块屋面板平齐（图 3.5-14）。

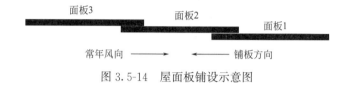

图 3.5-14　屋面板铺设示意图

（2）安装最后一块屋面板时，由于切割边缘或者处于公肋边，需采用包边折件进行加强。

（3）屋面板采用直立锁边板施工时，应边铺边锁边，防止踏空，确保施工安全。

（4）固定式屋面板与檩条连接及墙板与墙梁连接时，螺钉中心距不宜大于 300mm。房屋端部与屋面板端头连接，螺钉的间距宜加密。屋面板侧边搭接处钉距可适当放大，墙板侧边搭接处钉距可比屋面板侧边搭接处进一步加大。

（5）在屋面板的纵横方向搭接处，应连续设置密封胶条。檐口处的搭接边除设置胶条外，尚应设置与屋面板剖面形状相同的堵头。

（6）在角部、屋脊、檐口、屋面板孔口或突出物周围，应设置具有良好密封性能和外观的泛水板或包边板。

（7）安装压型钢板屋面时，应搭设人行通道，采用厚 30mm、宽 400mm 木板，沿板肋垂直方向放置，施工人员在上面行走，严禁踩踏成型屋面。

3.6　多层及高层钢结构

3.6.1　适用范围

适用于多层及高层钢框架安装、劲性梁柱钢结构安装。

3.6.2　质量要求

（1）出厂构件上的标记要明晰，构件标记、定位标记要统一，且易于观察。

（2）结构外观表面干净，无焊疤、油污和泥沙，构件必须符合设计要求和施工规范的规定。由于运输、堆放和吊装造成的构件变形必须矫正。

（3）多高层安装尺寸应不大于表 3.6-1 允许偏差。

多高层安装尺寸的允许偏差   表 3.6-1

项目	允许偏差(mm)	图例
建筑物定位轴线	$l/20000$,且不应大于 3.0	
地脚锚栓(锚栓)中心偏移	5.0	
锚栓外露及螺纹长度	$0,+1.0d(d>30)$ $0,+1.2d(d\leqslant30)$	—
柱子定位轴线	1.0	
柱的垂直度	$h/1000$,且应大于 10.0,且全高不大于 35	
钢柱安装偏差	3	
柱基准点标高	$+5,-8$	—
同一层各柱顶标高高差 Δ	5	
梁侧向弯曲矢高	$l/1000$,且不大于 10.0	
梁跨中垂直度	$h/250$,且不大于 15	

续表

项目	允许偏差(mm)	图例
同一根梁两端顶面的高差 Δ	$l/1000$,且不大于 10.0	
主梁与次梁上表面的高差 Δ	2	
钢板剪力墙对口错边 Δ	$t/5$,且不大于 3	
钢板剪力墙平面外挠曲	$l/250+10$,钢板剪力墙且不大于 30 平面外挠曲(l 取 l_1 和 l_2 中较小值)	
主体结构的整体垂直度	$(H/2500+10.0)$,且不应大于 30($H<60m$) 50($100m>H \geqslant 60m$) 80($H \geqslant 100m$)	
主体结构的整体平面弯曲	$l/1500$,且不应大于 50	
主体结构总高度	$H/1000$,且不大于 30($H<60m$) 50($100m>H \geqslant 60m$) 100($H \geqslant 100m$)	

3.6.3 工艺流程

(1) 钢框架施工工艺流程:

构件进场验收→施工准备→第一节钢柱安装→测量→钢梁安装→测量→高强度螺栓施

工→焊接→UT→报验→压型钢板安装→防腐防火涂料喷涂→第二节到第 N 节钢柱安装→测量→钢梁安装→测量→高强度螺栓施工→焊接→UT→报验→压型钢板安装→防腐防火涂料喷涂。

（2）钢板剪力墙施工工艺流程：

构件进场验收→施工准备→第一节剪力墙柱吊装→测量→高强度螺栓施工→焊接→UT→报验→第二节到第 N 节剪力墙柱吊装→测量→高强度螺栓施工→焊接→UT→报验。

3.6.4 精品要点

1. 构件进场验收——资料齐全，外观尺寸满足要求

（1）出厂合格证、质量保证书齐全，复试报告合格。

（2）截面尺寸、对角线偏差、长度、牛腿位置复核图纸及规范要求：连接处截面几何尺寸（图 3.6-1）、对角线偏差、外形长度不大于 3mm，铣平面至第一个孔的距离偏差 1mm，牛腿端孔距柱距离偏差不大于 3mm，牛腿翘曲不大于 2mm。

图 3.6-1 现场复核构件截面尺寸图

（3）构件表面无焊渣、油污，坡口无锈蚀、缺口、锯齿。

2. 施工准备——防护措施齐全，测量点校核

（1）在钢柱上固定登高爬梯、防坠器，爬梯与钢柱要固定牢靠，采用 6 号镀锌钢丝将支腿与钢柱固定，间距 1.5m，缠绕 2～3 圈。防坠器固定在吊耳孔上（图 3.6-2）。如需焊接操作平台，要把平台支撑连接板焊接在钢柱上（图 3.6-3）。

图 3.6-2 现场安装登高爬梯、防坠器图　　图 3.6-3 焊接操作平台及防护棚

（2）在钢梁上固定 $\phi48\times3$ 生命绳立杆和 $\phi9$ 镀锌生命绳，间距不大于 8m，高度 1200mm，采用双道生命绳的间距为 600mm（图 3.6-4）。

（3）根据土建提供的测量基准点进行二级测控点复核并对所有钢柱定位轴线及标高进行测量放线（图 3.6-5）。

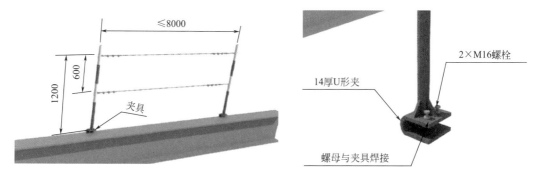

图 3.6-4　生命绳立杆和生命绳示意图

图 3.6-5　复核钢柱定位轴线及标高示意图

3. 钢柱吊装——有标识、先试吊、控精度

（1）吊装前检查钢丝绳直径及卸扣规格，确保和方案保持一致，且外观无破损。分别在距钢柱底部和顶部 500mm 处设置标高定位标识（图 3.6-6）。吊装前进行试吊，距地面 100mm 静置约 1min。

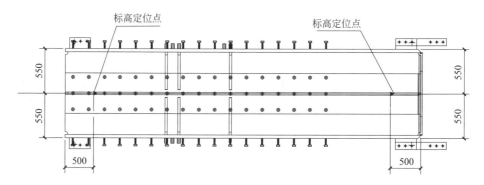

图 3.6-6　标高定位标识示意图

（2）吊装构件吊运至离安装位置 500mm 时，安装人员方可近前进行临时固定工作。4 名安装工人每人一个方位用双夹板进行固定，事先划定标高定位点，利用起重机以及撬棍进行调整。调整完毕，拧紧安装螺栓后，方可卸钩。

（3）采用全站仪对钢柱垂直度及牛腿坐标进行测量，根据测量情况，可用千斤顶进行微调（图 3.6-7）。预先在钢柱吊耳板上焊接托板，利用千斤顶施加力对钢柱进行预调整。对于箱形柱宽度超过 300mm 或者直径超过 1000mm 的钢柱，需增加吊装耳板数量，以便矫正完毕后，钢柱可以固定牢靠而不跑偏。

（4）对于剪力墙内钢柱，截面小，一般二层或者三层为一节，安装时需在 4 个方向进行 $\phi16$ 的缆风绳张拉临时固定，以便于控制钢柱的垂直度（图 3.6-8）。根据施工条件，可以采用圆管支撑将多个剪力墙柱连接在一起，以增加整体抗弯刚度（图 3.6-9）。

图 3.6-7　千斤顶微调示意图　图 3.6-8　现场钢柱安装缆风绳　　　　图 3.6-9　圆管临时支撑示意图

（5）除首层钢柱外，其他层安装及焊接均应在安全操作平台上进行，安全平台要牢固，经计算验算通过后，方可使用（图 3.6-10、图 3.6-11）。

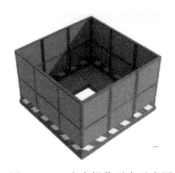

图 3.6-10　安全操作平台示意图　　　　　图 3.6-11　现场安全操作平台图

4. 钢梁吊装——重防护、细调整、有措施

（1）吊装前检查钢丝绳、卸扣是否符合方案要求，并提前在钢梁上设置防护栏杆及生命绳，两端系上溜绳，直径不小于 14mm。

（2）长度大于 21m 钢梁采用四点吊装（图 3.6-12），常规构件采用两点吊装，吊点距端部 0.2L（图 3.6-13），对于截面大的主梁采用焊接吊耳进行吊装，对于截面小的次梁采用在翼缘上开 $\phi40$ 的吊装孔进行吊装。

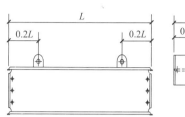

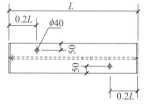

图 3.6-12 钢梁四点吊装示意图　　　　　　　图 3.6-13 钢梁两点吊装吊点示意图

（3）对于没有牛腿的钢柱，钢梁安装时下部搭设可移动脚手平台，沿钢柱四周搭设，每 2m 采用钢丝与钢柱绑扎固定（图 3.6-14）；作业时人员以安全带固定在柱防坠器上，高挂低用，严禁固定在脚手架上。对于有牛腿的钢柱，安装钢梁时，可采用悬挂焊接吊篮的方式进行安装，人员通过安全爬梯上去，安全带悬挂在防坠器上（图 3.6-15、图 3.6-16）。

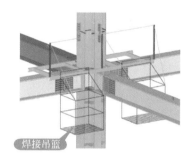

图 3.6-14 移动脚手平台示意图　　图 3.6-15 悬挂焊接吊篮示意图　　图 3.6-16 现场悬挂焊接吊篮图

（4）钢梁出现旁弯或者出现螺栓孔对应不上等问题，可通过钢楔、千斤顶、捯链进行微调，严禁撬别螺栓孔壁或者火焰割孔，需扩孔时，需采用磁力钻或者铰刀等机械，扩孔尺寸不得大于孔径的 1.2 倍，扩孔数量不得超过一个接头螺栓的 1/3（图 3.6-17）。

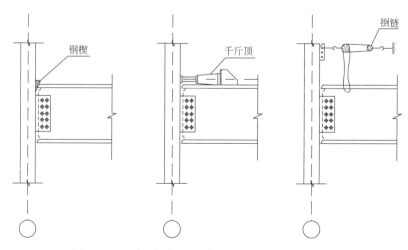

图 3.6-17 采用钢楔、千斤顶、捯链微调钢梁示意图

（5）钢梁吊装前需把连接板提前用安装螺栓固定在钢梁上，对于重的连接板，需要采用滑移装置，移动到所需位置（图3.6-18）。

（6）钢梁与剪力墙连接时，需提前做好安装平台，并在埋件上焊接托板，方便钢梁就位（图3.6-19、图3.6-20）。

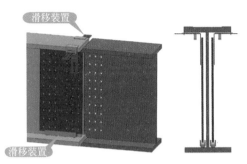

图3.6-18　钢梁连接板滑移装置　　图3.6-19　钢梁现场安装　　图3.6-20　钢梁焊接托板
　　　　　示意图　　　　　　　　　　　平台图　　　　　　　　　　示意图

（7）钢梁安装完毕后，上部需搭设行走通道供人员行走（图3.6-21），下部铺设安全网（图3.6-22），临边设置悬挑防护。

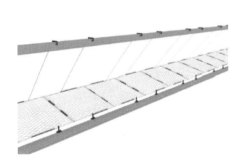

图3.6-21　行走通道示意图　　　　　图3.6-22　现场铺设安全网

5. 钢板剪力墙安装——合理分段，支撑固定，焊接顺序防变形

（1）剪力墙钢板吊装分段时，钢板所连两端钢柱与钢板对接接口错开200mm以上，受运输限制，一般宽度不超过3m（图3.6-23）。

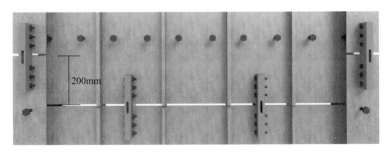

图3.6-23　剪力墙对接节点示意图

（2）对于刚度较小的剪力墙钢板吊装需临时采用支撑进行加固，安装时一般采用刚性支撑进行上部连接固定，待浇筑至楼层时，拆除该层支撑（图3.6-24）。

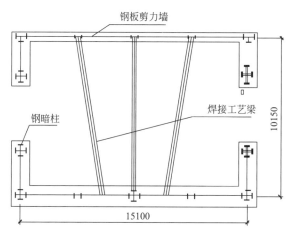

图 3.6-24　临时钢梁设置示意图

（3）剪力墙板的总体焊接顺序为：先焊接钢柱连接焊缝，再焊接钢暗梁焊缝，最后焊接钢板墙焊缝。同类焊缝对称、同时、同向焊接。

（4）为了方便焊接，吊装前需提前在钢板墙上设置悬挑操作平台。对于竖向焊缝，设置爬梯，并在爬梯上悬挂吊篮，同时分段施工，盖面由一名焊工从下向上一次性完成。注意：待单侧焊缝冷却后，方可进行另一端焊缝的焊接。对于较长的横向焊缝，可从中间向两边对称焊接。

6. 施工测量监控——精确传递，测量平台，多次测量

（1）依据一级控制网建立二级控制网，并与土建沟通进行预留预埋。三级控制网做法：地下室部分基本在基坑外，根据二级控制点进行直接三级控制网细部放样。地上部分在地下室顶板上选择合适的几个控制点作为二级主控点，并在该位置做好预埋铁件，待混凝土楼板浇筑完成且强度达到要求后，利用全站仪进行多次打点，调整误差后，在预埋铁上打下十字线，并标记中心点（图3.6-25）。上部楼层施工时，将该部位预留200mm×200mm的孔洞（图3.6-26）。通过在首层架设激光垂直仪进行坐标传递（图3.6-27）。布点时注意围绕核心筒外围不远的距离设置，且至少对三个点进行闭合。

 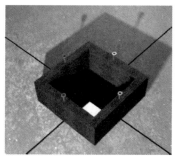 

图 3.6-25　预埋十字标记示意图　　图 3.6-26　预埋孔洞示意图　　图 3.6-27　坐标垂直传递示意图

（2）为了保证测量精度，每10层设置一台激光传递仪（图3.6-28）。另外，钢结构施工时往往楼层尚未浇筑，需要提前在剪力墙上设置悬挑平台（图3.6-29），并将点投测到钢平台上，进行钢结构测量工作。

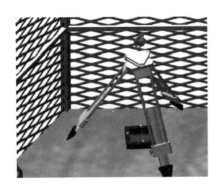
图3.6-28　激光接收靶示意图

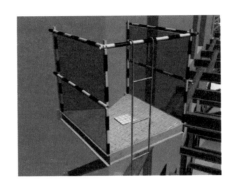
图3.6-29　悬挑钢平台示意图

（3）高程的引用，通常采用土建提供的建筑1m线，利用水准仪进行传递。复核土建坐标时，可以通过激光测距仪每50m引测一次。

（4）由于受温度、风等环境因素影响，测量应多次进行，根据数据进行比较分析，比如焊接前、焊接后测量，确定收缩值，为后期调整钢柱长度提供依据。为了消除日照温度影响，尽量选择上午9～10点进行测量。根据整体沉降及变形数据，及时进行钢结构安装调整。

3.7　空间结构

3.7.1　适用范围

适用于网架、管桁架结构安装。

3.7.2　质量要求

（1）钢网架、网壳结构定位轴线允许偏差为 $l/20000$（l 为跨度），且不大于3.0mm；基础上支座定位轴线允许偏差不大于1.0mm；基础上支座底标高偏差不大于±3.0mm。支座锚栓的规格及紧固应满足设计要求。支座锚栓螺纹应受到保护。

（2）支座支承垫块的种类、规格、摆放位置和朝向，应满足设计要求并符合现行国家标准的规定。橡胶垫块与刚性垫块之间或不同类型刚性垫块之间不得互换使用。

（3）支承面顶板的位置偏差不大于15mm，顶面标高允许偏差（-3，0mm）、顶面水平度偏差不大于 $l/1000$，支座锚栓中心偏移不大于±5mm。

（4）钢网架、网壳结构总拼完成后、屋面工程完成后，测量挠度值，挠度值不应超过相应荷载条件下挠度计算值的1.0倍。

（5）螺栓球节点网架、网壳总拼完成后，高强度螺栓与球节点应紧固连接，连接处不应出现有间隙、松动等未拧紧现象。

（6）小拼单元的允许偏差应符合标准要求。分条、分块单元拼装长度小于等于 20m 时，长度偏差不大于±10mm；分条、分块单元拼装长度大于 20m 时，长度偏差不大于 ±20mm。

（7）钢网架、网壳结构安装完成后，纵向、横向长度偏差不大于±$l/2000$，且不超过 ±40mm；支座中心偏移不大于 $l/3000$，且不大于 30mm；周边支承网架、网壳相邻支座高差不大于相邻支座距离的 1/400，且不大于 15mm；多点支承网架、网壳相邻支座高差不大于相邻支座距离的 1/800，且不大于 30mm；支座最大高差不大于 30mm。

（8）钢网架、网壳结构安装完成后，其节点及杆件表面应干净，不应有明显的疤痕、泥沙和污垢。螺栓球节点应将所有接缝用油腻子填嵌严密，并应将多余螺孔密封。

（9）钢管（闭口截面）构件应有预防管内进水、存水的构造措施，严禁钢管内存水。

（10）钢管桁架结构相贯节点焊缝的坡口角度、间隙、钝边尺寸及焊脚尺寸应满足设计要求，当设计无要求时，应符合现行国家标准《钢结构焊接规范》GB 50661 的规定。

（11）钢管结构中相互搭接支管的焊接顺序和隐蔽焊缝的焊接方法应满足设计要求。钢管对接焊缝或沿截面围焊焊缝构造应满足设计要求。

（12）桁架接口截面错位不大于 2mm。桁架结构组装时，杆件轴线交点偏移不宜大于 4.0mm。

（13）桁架跨中拱度，设计要求起拱时，允许偏差±$l/5000$mm；设计未要求起拱时，允许偏差为（−5.0，＋10.0mm）。

3.7.3 工艺流程

1. 高空散装施工工艺流程

材料进场验收→支座预埋→搭设满堂支撑平台→网架胎架搭设→测量→网架下弦拼装→网架腹杆及上弦安装→支座落座完毕→验收→永久支座顶升→拆除临时支座→落座→屋面次结构安装→防腐及防火涂装。

2. 网架提升、顶升工艺流程

构件进场验收→支座预埋→搭设满堂支撑平台→网架胎架搭设→测量→网架下弦拼装→网架腹杆及上弦安装→支座落座完毕→验收→支撑卸载→屋面次结构安装→防腐及防火涂装。

3. 桁架结构常规施工工艺流程

构件进场验收→施工准备→地面拼装胎架搭设、临时支撑搭设、支座安装→测量→桁架拼装→相邻两榀主桁架安装→下铁验收→中间次桁架安装→第 3 至第 N 个主桁架安装→相邻次桁架安装→临时支撑卸载→屋面檩条安装→防腐及防火涂装。

3.7.4 精品要点

1. 网架结构

1）支座埋件复核。

安装前，对支座埋件进行放线校核，在埋件上放出支座十字中心线，作为后续安装网架支座的基准点。根据标高复核结构，适当增加垫板厚度，调整支座高差控制在不大于 30mm（图 3.7-1、图 3.7-2）。

图 3.7-1 锚栓预埋示意图

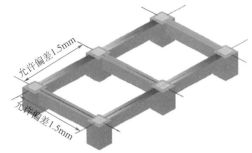

图 3.7-2 预埋件测量定位允许偏差示意图

2）支座埋件复核满堂脚手架平台搭设——计算分析，联合验收。

（1）严格按论证过的方案进行搭设，材料壁厚不得小于计算壁厚，搭设间距、剪刀撑、支托高度符合方案要求。

（2）搭设完成后，支托上放置双排脚手管或者槽钢作为主梁，次梁采用 40mm 方管，上铺竹笆或者木板，主梁及次梁搭设长度不小于三跨（图 3.7-3）。

（3）脚手架下部设置通长垫木，基础满足承载力要求，排水系统良好，不得积水。

（4）搭设完毕后，报安全、技术质量、总包、监理各方进行联合验收。

3）胎架支座搭设。

根据网架尺寸，在下弦球底部设置圆管支托。利用全站仪进行测量定位，弹出支托所在位置纵横轴线，确保支托位置精准。跨度大的时候，考虑支托适当起拱，对于螺栓球节点，需提前把控是否起拱；焊接球节点，可以现场起拱（图 3.7-4）。

图 3.7-3 满堂支架网架现场施工图

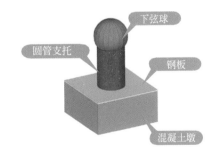

图 3.7-4 胎架支座示意图

4）网架拼装——原位拼装，中间向两边延伸，先初拧后终拧。

（1）除分块整体吊装外，一般提升、顶升以及满堂支架安装，基本上先进行原位拼装。原位拼装除高度方向不一定重合外，平面坐标即安装坐标。

（2）根据支托位置，先拼装网架下弦杆及螺栓球，由中间向两边延伸。弦杆与螺栓球连接时，先进行初步连接，待该跨区域内全部连接完成后，统一终拧（图 3.7-5～图 3.7-7）。

（3）上弦安装一般采用一球三杆或四杆进行，安装以下弦作为基准，能顺利连接即为合格（图 3.7-8～图 3.7-10）。

图 3.7-5　第一步：网架下弦　　图 3.7-6　第二步：网架腹杆　　图 3.7-7　第三步：网架上弦
　　　　安装示意图　　　　　　　　　　安装示意图　　　　　　　　　　安装示意图

图 3.7-8　一球四杆（两上　　图 3.7-9　一球四杆　　图 3.7-10　一球三杆（两上
　　弦两腹杆）示意图　　　　　（四角锥）示意图　　　　弦一腹杆）示意图

（4）原位拼装完成后，进行全方位检查：采用力矩扳手进行终拧，确保螺栓 100% 拧紧。观察杆件截面变化率，防止因杆件位置装错而截面发生突变。检查支托在平台处有无沉降，如下沉，需采取反顶措施进行纠偏。检查支座处焊缝是否焊满，螺栓是否拧紧。

5）网架卸载——逐步卸载，挠度监控，杆件检查。

（1）检查完毕后，在下弦中间及四分点处贴上反光贴，并记录坐标值。

（2）完备后进行卸载工作：使用机械千斤顶或者油压千斤顶回顶支座，使整体网架抬升，然后撤离临时支托（图 3.7-11、图 3.7-12）。随后逐步回落千斤顶，直至支座坐在埋件板上，检查完好后，固定好（图 3.7-13）。

图 3.7-11　开始整体同步　　　图 3.7-12　顶升后的　　　图 3.7-13　逐步下降
　　顶升整个网架　　　　　　　　网架　　　　　　　　　并落座

（3）卸载后，由于网架内力变化，需检查杆件是否弯曲，有弯曲及时替换；需再次检查高强度螺栓松动情况，如有松动继续拧紧。

6）网架分块安装——吊点计算、杆件加固。

分块安装需要在吊装半径覆盖区域内进行拼装，拼装场地需整平、硬化。提前根据计算结果对吊点区域杆件进行加固，吊点一般设置在网架上弦球上，采用不少于四个点吊装，对于条件具备的也可采取双机抬吊（图3.7-14）。杆件拼装方法同原位拼装方法。

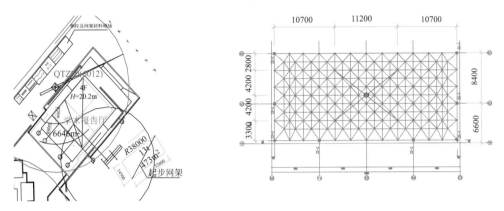

图3.7-14 四点吊装示意图

7）网架提升安装——吊点计算。

网架提升前也需要原位拼装完成，其通常是在地面或者楼面进行原位拼装。提升时，需提前在屋面上做好悬挑立杆，沿支座周圈位置设置提升吊点，采用钢绞线及液压同步提升系统进行提升（图3.7-15）。提升与设计支点接近，基本不需要特别加固处理，而且提升点有提升支架控制，提升后支座就位比较准确（图3.7-16）。

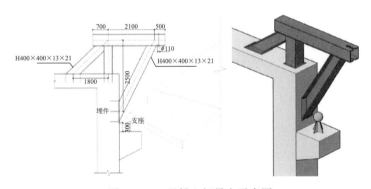

图3.7-15 悬挑立杆吊点示意图

8）网架顶升安装——吊点计算，同步顶升、卸载，及时纠偏。

（1）网架顶升也在原位拼装完成后进行。

（2）根据网架特点在网架跨度方向的0.2L位置设置顶升点，顶升点对称设置（图3.7-17）。

（3）顶升支架采用标准支架，利用塔式起重机安装原理，根据液压顶升设备行程，支架一层一层往上安装（图3.7-18～图3.7-20）。安装时需保持支架垂直度符合设计要求，为保证安装垂直度，需设置多层多道支撑，为了保证支撑效果，一般支架高度以不大于30m为宜。

（4）由于顶升改变了结构受力状态，需要根据计算结果，对顶升节点处杆件进行加固。

129

图 3.7-16 现场提升装置图

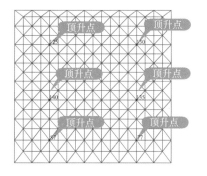

图 3.7-17 顶升点平面布置图

图 3.7-18 千斤顶顶升

图 3.7-19 增加节段

图 3.7-20 千斤顶回油

（5）顶升时受风影响较大，一般需选择在无风的时候进行施工，设置防风构造措施，如对支架设置缆风绳或者圆管支撑，对网架多方向设置缆风绳进行临时固定（图 3.7-21）。

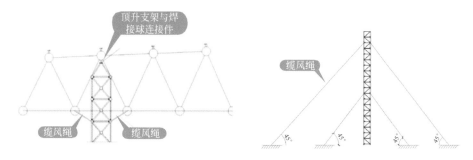

图 3.7-21 缆风绳布置图

（6）顶升由于受外界因素影响较大，需要在顶升过程中观察支座位置偏移情况，根据偏移情况，通过捯链及时纠偏，确保支座顺利落座。

9）对于建筑结构安全等级一级，跨度 40m 及以上的公共建筑钢网架结构，且设计有要求时，进行节点承载力试验，由检测单位提供网架节点承载力试验报告；金属屋面应出具抗风试验报告。

2. 桁架结构

1）地面拼装胎架搭设——分析模拟，测量定位，顺序合理。

桁架拼装需根据设计及施工模拟分析得出的起拱值进行起拱。钢桁架一般以散件形式发送到现场，在现场按施工分段进行拼装，组成吊装单元。因此，要根据现场的位置、运输、吊装条件等情况充分考虑，合理布置分段及桁架拼装场地的位置。拼装场地可硬化或者覆盖碎石，以确保满足地基承载力（图 3.7-22）。

拼装胎架立杆可采用规格为 200mm×200mm×8mm×12mm 的 H 型钢，立柱下方采用规格为 200mm×200mm×8mm×12mm 的 H 型钢，并与相邻立柱连接，立柱间的支撑采用∟100×10 的角钢，立杆上的牛腿采用槽钢 20a。需根据设计及施工模拟分析得出的起拱值进行起拱，测量定位布置拼装胎架（图 3.7-23）。

图 3.7-22　分析模拟　　　　　　　图 3.7-23　测量定位

拼装过程使用全站仪依次定位组装主弦杆、腹杆，在拼装腹杆时应充分考虑拼装顺序，避免造成部分杆件无法就位、隐蔽焊接无法焊接等现象。地面拼装时，先拼装上下弦杆，再拼装直腹杆，最后拼装斜腹杆，拼装时注意两端矢高的准确性，允许误差小于等于 2mm；高空拼装时，先拼装主桁架，再拼装次桁架。焊接时应采用由中间向两端焊接，以减小焊接变形，同时可以有效减小结构的内部应力。

2）临时支撑架搭设——受力计算，周转可拆卸。

根据方案计算设置临时支撑，支撑立杆、横杆及斜缀条可采用圆钢管。临时支撑标准节底部与调节段通过法兰相连，调节段与混凝土通过埋件板焊接连接。顶部拉设 4 道缆风绳进行固定。内外场每一组临时支撑顶部均设置转换平台，转换平台四周设置防护栏杆。在转换平台上部设置支撑系统（图 3.7-24、图 3.7-25）。

图 3.7-24　临时支架示意图　　　　　图 3.7-25　临时支架现场施工图

3）桁架吊装——先分析，再监控。

桁架吊装主要包含：屋面桁架、山墙桁架、环桁架的吊装，吊装前认真落实三检制，确认无误后可进行该工序的操作。吊装过程根据技术策划的分段，通过以下几个步骤完成：

（1）合理地安排作业区域和时间，避免直线垂直交叉作业。履带起重机站位于场内或场外道路进行吊装前，再次确认土建等专业交叉作业情况，避免存在碰撞等情况。吊装过程中对施工起重机站位处的地基承载力要求较高，应铺设路基箱或者厚度不小于 20mm 的钢板。在吊装前，仔细检查吊索具以及操作人员的有效证件。

（2）桁架整体吊装时根据跨度采用 2 吊点或者 4 吊点绑扎吊装（每个吊点采用双绳，绳头用铝封压头）（图 3.7-26）。吊装时下部绑扎点采用短绳或者环形吊带兜底。吊绳与吊装单元水平夹角需大于 60°，绳索安全系数 K 取 7，吊装负载率超过 85％时需先试吊，构件离地面 200～500mm，确认正常时再缓缓起钩。

（3）大跨度桁架分段吊装时，需在支撑胎架顶部根据设计及施工模拟分析要求的起拱值设计调整装置，以满足桁架成型后的整体效果要求，避免下挠超出设计值。主要在桁架上前端预先贴反光贴（图 3.7-27），采用全站仪进行监控。单榀桁架吊装就位后，底部支座处同混凝土柱顶球形支座连接，悬挑处同支撑胎架顶部连接。

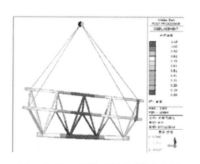 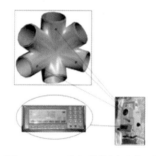

图 3.7-26　吊装工况分析示意图　　　　图 3.7-27　反光贴检测示意图

（4）吊装尾部的山墙桁架，吊装时通过登高车同步焊接安装墙面拉杆、压杆及柱间拉梁（图 3.7-28、图 3.7-29）。按此方法吊装相邻一榀桁架后，吊装两榀桁架间的次桁架，使吊装单元形成稳定体系。在相邻六榀安装完成时，根据计算结果，将结构变形控制在合理的范围内，使结构形成稳定的体系，此时可依次拆除支撑胎架进行周转使用。

（5）合拢缝及合拢温度的确定。

大跨度空间桁架结构自建成之始就处于温度变化的作用之中，为最大限度地减小温度变化在结构上产生的内力和变形，合理地确定合拢缝的位置和合拢温度是非常必要的。合拢温度的控制时间一般为当地平均温度或结构服役期间的平均温度。合拢缝的确定原则：①合拢缝的位置应方便施工；②合拢缝应使结构的应力降低。合拢缝处的杆件一端焊接，另一端先用码板等施工措施临时固定，待主结构其他部位全部安装、焊接完成后，施焊该处补缺杆件，完成合拢。

4）临时支撑卸载——分级卸载，变形监控。

（1）根据结构特点及施工模拟验算分析，进行结构整体卸载。按结构分析确定的卸载

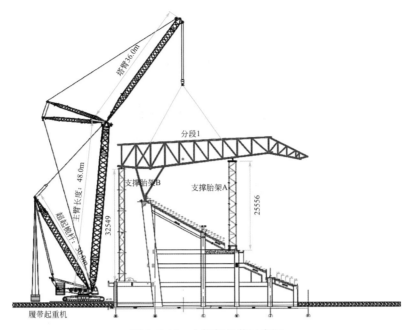

图 3.7-28 主桁架吊装示意图

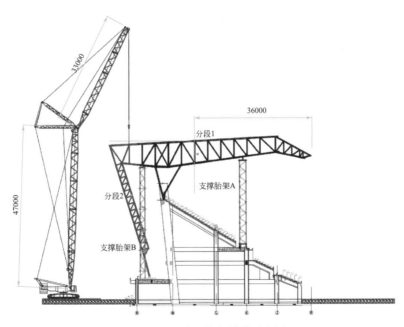

图 3.7-29 墙面桁架吊装示意图

量大小，先对结构变形较大处的临时支撑上部的标高调节装置进行卸载调整，再对结构变形最小处的临时支撑上部的标高调节装置进行卸载调整，按此顺序依次进行，直至结构体系完全受力。

（2）桁架整体卸载一般采用火焰切割、千斤顶和砂漏等方式（图 3.7-30～图 3.7-32）。采用火焰切割和千斤顶的卸载方式较多。卸载前，根据施工模拟分析确定总体卸载量、卸载次数和每次卸载量，然后选择卸载方法。

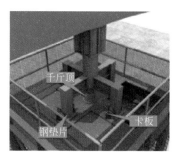

图 3.7-30　火焰切割卸载　　　图 3.7-31　千斤顶卸载　　　图 3.7-32　砂漏卸载

（3）较为常用的火焰切割卸载主要通过切割支撑短柱来实现，比如某项目，经分析计算，桁架卸载最大下挠 107mm，卸载共分 5 次进行。每次使用割刀割除顶部支撑 20mm 高，待主结构完全稳定后间隔 30min，观察结构受力及稳定性。卸载时需严格按照规定卸载量分级卸载，保证整个结构体系平稳转换，过程中需测量监控，发现异常位移，需停止卸载，分析结构位形变化特点，调整卸载顺序及卸载量，直至桁架脱离支撑系统（图 3.7-33）。

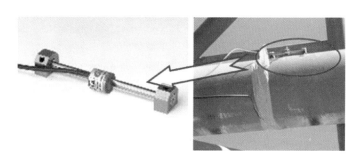

图 3.7-33　应力监控

（4）砂漏卸载法通过预留一段高度采用细砂充满，上部放置支托，支托底板与砂漏盒留有 20mm 间隙。卸荷时，抽取砂漏下部挡板，砂在压力作用下均匀溢出，该处支座也随之下降。施工时注意需每个支点配备一台对讲机，听从统一指令，在卸荷完成前需一直观察，发现异常及时通知所有人进行堵漏，问题解决后方可再次进行卸荷。

3.8　索膜结构

3.8.1　适用范围

适用于体育设施，如：体育场、体育馆、网球场、游泳馆、训练中心、健身中心等；商业设施，如：商场、游乐中心、酒店、餐厅、商业街等；文化设施，如：展览中心、剧院、表演中心、水族馆等；交通设施，如：飞机场、火车站、码头、停车场、天桥、加油站、收费站等；景观设施，如：标志性小品、广场标识、小区景观、步行街等；工业设施，如：工厂、仓库、污水处理中心、物流中心、温室等。

适用于张力式膜结构（图3.8-1）和支承式膜结构（图3.8-2）。

图3.8-1　张力式膜结构

图3.8-2　支承式膜结构

3.8.2　质量要求

1. 膜加工制作质量要求

（1）连接件应具有足够的强度、刚度和耐久性，应不先于所连接的膜材、拉索或钢构件破坏，并不产生影响结构受力性能的变形。

（2）对金属连接件应采用可靠的防腐蚀措施。

（3）在支承构件与膜材的连接处不得有毛刺、尖角、尖点，连接处的膜材应不先于其他部位的膜材破坏。

（4）膜材、拉索、五金件、缝制线等对应的质保书及材料性能表齐全，原材料进场按批进行复检。膜材的力学性能、非力学性能的复验按每批膜材、每种复验项目抽样一组，每组五个试件。

（5）膜片在裁剪制作过程中，不得发生折叠弯曲的现象。

（6）裁剪操作应严格按照裁剪下料图进行。对裁剪后的膜片和热融合后的膜单元应分别进行检验和编号，作出尺寸、位置、实测偏差等的详细记录。10m以下膜片各向尺寸偏差不应大于±3mm，10m以上膜片各向尺寸偏差不应大于±6mm。热融合后的膜单元，周边尺寸与设计尺寸的偏差不应大于1%。

（7）采用热融合法拼接应根据不同膜材类型确定热融合温度，还应避免过热烫伤，并严格控制热融合中产生的收缩变形，确保膜片、膜面平整。

（8）在热融合加工时，热融合部不得出现明显厚薄不均，不应让尘埃、垃圾等污物沾附在膜材料上。

（9）附属部件的安置应根据图纸和裁剪尺寸等正确安装。开孔应采用开孔夹具，不得有卷曲、歪斜等现象。打扣眼时，不得有脱落、裂纹。

2. 膜安装质量要求

（1）膜面不得有渗漏现象，无明显褶皱，不得有积水。

（2）膜面表面应无明显污染串色。

（3）连接固定节点应紧密牢固、排列整齐。

（4）缝线无脱落、断线，无超张拉现象，膜面匀称，色泽均匀，排水通畅，封檐严密。

（5）安装过程中局部拉毛蹭伤尺寸不应大于 20mm，且每单元应以专用工具和工艺进行。对不影响安全、美观的小的破损可将暂时性修补作为永久性修补；对影响安全、美观的破损应作永久性修补，其要求应由业主、设计、施工三方协商决定，并建立竣工验收的档案。

3.8.3　工艺流程

1. 膜结构制作工艺流程

开始→进料→原材料检验（合格）→图纸技术会审→膜片编排放样→膜片裁剪、打磨→膜片初拼→膜材热融合→边缘加工→成型尺寸复核→清洗→验收合格→包装→出厂→结束。

2. 膜结构安装工艺流程

开始→现场踏勘→施工准备→安装前复测→膜面保管→辅助绳网拉设→膜单元吊装→膜展开→膜面检查（合格）→膜临时固定→调整及张拉膜面→二次防水膜现场焊接→验收合格→结束。

3.8.4　精品要点

1. 制作要点

1）原材料检验

膜材表面应无孔眼，无明显褶皱和污渍，不应出现断丝、裂缝和破损，按现行国家标准《膜结构用涂层织物》GB/T 30161 测定。

2）图纸

裁剪操作工熟悉裁剪图纸，明确裁剪要求再开始下步裁剪。

3）裁剪——膜材类型要分清

（1）膜材裁剪前应对现场钢结构尺寸进行测量，将测量尺寸与设计理论尺寸进行对比，按照修正后的尺寸进行裁剪。

（2）膜片下料裁剪宜采用数控裁剪设备；膜单元面积 30m² 以下的 P 类膜材，可采用手工下料；对于 E 类膜材或者要求考虑膜材温度效应的膜结构项目，裁剪下料车间需配置恒温设备（15～30℃），以保证膜材在设计基准温度下进行下料。

（3）裁剪设备宜具有划线、打孔等辅助功能，以提高膜加工质量。

（4）裁切机的裁刀方向（裁刀重叠验证）、裁剪尺寸（三角形尺寸验证）、裁刀及画笔一致性在开裁下料前需要经过调试，确认符合要求。

（5）每桌膜片下料，需要复测其中任意一块膜片，膜片各向尺寸误差不得超过 2mm；膜片及各角点编号完整、清晰、无遗漏，并按单体及类别堆放。

4）打磨——正反面区分清

打磨是一个关键的工序，直接影响膜片焊接质量，打磨时正反面区分清楚，要求打磨膜材正面 PVDF 涂层，打磨宽度与焊接缝宽度一致。打磨过的膜材要均匀，薄厚一致，以轻轻地把膜表面的亮度磨去即可，轻了高频机焊不住，重了没有胶质影响焊接质量。

5）热融合——先评定后施焊

(1) 膜材焊接前需要根据膜材种类、节点连接形式、焊接带厚度等进行焊接工艺评定。

(2) 膜片焊接前需要进行预定位，膜片与膜片搭接位置必须与搭接线一致，且不得有褶皱等产生，两个膜片首尾长度需要保持一致。

(3) 焊接前一刀与后一刀必须注意使用焊机的有效焊接位置进行焊接，且重叠 5cm 左右，以确保焊缝被完全有效焊接。

(4) 每焊一刀要求平整、无皱褶，出浆均匀饱满，无打火现象，每片膜材相邻处上下端头要对齐，误差在±（10～20）mm 之内。

(5) 热融合后的膜单元，周边尺寸与设计尺寸的偏差应不大于 1%。

6）包装——据材料选方法

(1) 包装之前，需对膜单元表面进行清洁、检查，要求无损坏，膜单元标记、节点标记等完善。

(2) 膜单元与五金配件宜分开包装，如确需厂内装配时，装配后应对五金配件先进行单独包裹，防止五金配件运输过程中碰撞损伤膜体。

(3) 膜单元打包折叠顺序需根据现场展开顺序确定，方便现场展开。

(4) G 类膜材打包折弯处需放置直径不小于 50mm 的泡沫棒，避免折叠损伤膜材基布。

(5) 膜包装材料宜采用防火、防雨材料，长时间堆放时需考虑防止鼠、虫等咬坏膜体。

(6) 膜单元包装上应有工程名称、膜单元标记，并配打包示意图。

(7) 常见的打包方法有单项折叠（图 3.8-3）、双向折叠（图 3.8-4）、卷装（图 3.8-5）。P 类膜材耐折性能好，打包方法主要根据工程特点选用即可；G 类膜材为玻璃纤维基布，耐折性能差，折叠后抗拉强度大幅度降低，三种打包方法中首选单向折叠方法；E 类膜单元一般较平整，近平面形状，单元面积小，可根据工程特点选用单向折叠或卷装方法。膜单元分片按照项目大小进行合理划分，单包重量应便于运输、安装，一般一包膜重量在 2～4t。

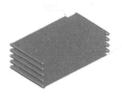

图 3.8-3 单项折叠　　　　图 3.8-4 双向折叠　　　　图 3.8-5 卷装

2. 施工要点

1）现场踏勘

膜结构工程施工前必须进行现场踏勘，踏勘主要包括观察施工机械开行路线、现场高空线架设情况、施工现场可利用空地以及施工现场其他周边环境等情况。最后根据踏勘情况结合膜结构设计图编制切实可行的施工方案。

2）施工准备——方案、交底

（1）索膜结构安装属于危险性较大的分部分项工程，膜单元安装前，应编制安装专项方案并获得批准。膜安装专项方案内容应符合管理办法的相关要求。对于跨度大于60m的索膜结构工程，应按管理办法的要求对专项方案进行专家评审。

（2）膜结构安装前，应制订翔实的膜面应力导入张拉方案，对于大跨度索膜结构的公共设施等项目需进行安装过程施工仿真分析，张拉方案需经设计单位、监理单位等相关单位或独立第三方咨询单位的审批，确保安装后膜面应力达到设计要求。

（3）对于通过集中施力点施加预张力的膜结构，在施加预应力前将支座连接板和所有可调部件调节到位。

（4）支承构件防锈面漆、防火涂层在施工前，必须将支承骨架与膜面的连接部位以圆角处理打磨光滑，确保连接处无毛刺、棱角。膜体安装前，支承骨架应已完成防锈、防火涂层的施工工作，以免污染膜面。

3）安装前复测——结构结合尺寸

应对膜结构所依附的钢构件、拉索及其配件进行复测，复测应包括轴线、标高等内容，安装前应检查支座、钢构件、拉索间相互连接部位的各项尺寸。支承结构预埋件位置的允许偏差为±5mm；同一支座地脚螺栓相对位置的允许偏差为±2mm。

4）膜面保管

供货商将膜面包装箱运输至现场后根据膜面安装单位要求摆放在与施工相对应的区域。包装箱卸车后应随施工进度开启箱盖，以免造成膜布的损坏。

5）辅助绳网拉设

（1）在膜面铺设展开前需先安装绳网，膜面安装时作为临时软支撑，确保膜面不会因掉落或下滑而损坏。

（2）在安装过程中，通过紧线器对绳网进行紧固，需注意对紧线器的隔离，确保膜面不会因碰到紧线器的尖锐部位而受到损伤。

（3）绳索可采用$\phi14$腈纶绳。绳网安装时平行于膜面展开方向每隔2.5m拉设一道绳索，绳索一端直接与结构相连接，另一端通过绳索紧线器与结构相连，使绳网张紧，减少绳网垂度。

6）膜单元吊装——防止损坏膜面

（1）膜单元吊装前，应进行吊装工况验算，分析框架构件内力是否满足吊装要求。同时，进行吊装点个数设计，对重心位置进行计算，确保吊装时构件不变形。安装时设置专门的吊具，以及对框架周边使用软组织包裹，保证吊装过程中膜单元不受磨损。

（2）根据膜面安装要求，分散放置膜面安装固定材料以及临时张拉工具。膜面安装固定材料包括铝合金压板、止水橡胶带、不锈钢螺栓（包括螺母及垫圈）；临时张拉工具包括绳索紧线器、夹具和腈纶绳等。吊装膜单元前，应先确定膜单元的准确安装位置。膜单元展开前，应采取必要的措施防止膜材受到污染或损伤。展开和吊装膜单元时可使用临时夹板，但安装过程中应避免膜单元与临时夹板连接处产生撕裂。

（3）将安装膜面的手工工具分发到各个班组。手工工具包括：大力钳、套筒扳手、羊角锤、美工刀及带安全挂钩的工具袋等。

（4）将不锈钢螺栓依次安装在膜面连接板上，并将止水橡胶带按顺序排放在膜结构支架上。

（5）膜面就位，在施工现场平地上拆除膜面包装箱的预板及创面板，确认膜面铺设方向后用起重机将膜面连同包装箱底板吊至搁置平台的中心。

7）膜面展开——天气、夹板

（1）膜安装时需要在高空进行膜体展开作业，膜面展开作业时当天风力不得大于 4 级且非雨天。

（2）所有膜面展开前应在 4 个角点先安装紧固的夹板，夹板的螺栓、螺母必须拧紧到位。

（3）膜面就位后，先在搁置平台上将膜面横向展开，并将灰色夹具按一定间隔与膜布上的孔位相连接（一般每隔 2m 安装一个灰色夹具），再用 $\phi 14$ 腈纶绳与灰色夹具相连接，最后利用紧编机向铺展方向牵引膜面，待完全展开后进行临时固定。

8）膜面临时固定

膜展开后需要进行临时固定，固定时将膜体按长度方向两侧展开，膜体四个角点展开到位置后用钢丝绳连接夹板临时固定在钢结构上，防止因风力或自重影响导致膜体跑位等意外发生；膜面牵引时注意膜布不与钢结构产生硬摩擦。

9）调整及张拉——注张力、防变形

（1）当所有的膜面安装工作结束后，即可进行膜面的张拉，张拉时应考虑边缘构件及支承结构刚度与索间的相互影响。

（2）膜面的张拉是通过张拉结构索，使膜面达到设计的应力。张拉时，在结构对称点上用千斤顶或捯链对钢索施力。膜面的张拉应力控制，以张拉行程和张拉力数值为控制标准。采用膜面专用应力测试仪器，准确地反映膜面经向、纬向的应力值，与理论数据对比，严格控制张拉的预应力。

（3）对于通过集中施力点施加预应力的膜结构，在施加预张力前，应将支座连接板和所有可调部件调节到位。

（4）施力位置、位移量、施力值应符合设计规定；施加预张力应采用专用施力机具，每一施力位置使用的施力机具的施力标定值不宜小于设计施力值的 2 倍；施力机具的测力仪表均应事先标定，测力仪表的测力误差不得大于 5%。

（5）施加预张力应分步进行，各步的间隔时间宜大于 24h。

（6）各阶段张拉后，应检查张拉力、拱度及挠度，张拉力允许偏差不宜大于设计值的 10%，拱度及挠度允许偏差不宜大于设计值的 5%。

（7）施加预张力时，应以施力点位移达到设计值为控制标准，位移允许偏差为 ±10%。对有代表性的施力点，还应进行张力值抽检，抽检施力点应由设计单位与施工单位共同选定，张力值允许偏差为 ±10%。

（8）工程竣工两年后，宜第二次施加预张力。

10）二次防水膜现场焊接——环境温度、施焊顺序

（1）防水膜施工前，在现场进行膜材热融合焊接工艺评定，确定热融合压力、热融合温度及热融合时间，当施工气温比工艺评定时温度低于5℃或以上时，应当重新进行热融合焊接工艺评定。施工时先热融合焊接横向防水膜，后焊接纵向防水膜，热融合焊接后对焊接质量进行检查，防止漏焊、假焊等现象。防水施工完成后进行淋水检验，复核防水施工质量。

（2）各膜单元间可用拼接板连接，膜单元拼接完毕后，可直接将拼接处的防雨盖密封好，各膜单元拼接完毕后应形成一个完整的膜体。

11）膜面安装验收

（1）安装完成的膜结构不应有渗漏现象，不应有积水，膜面无明显褶皱。检验方法：目测、自然淋水或局部淋水试验。

（2）安装完成的膜结构膜面破损处的修补应符合本节相应规定。检验方法：目测。

（3）膜体张拉和膜连接节点应符合设计要求，膜片与膜片连接部分缝线无脱落、断线，热融合粘结处无起壳、剥离。检验方法：人工检测。

（4）所有连接件、紧固件应符合设计要求。检验方法：人工检测。

（5）安装完成的膜面应无明显污渍串色。局部拉毛应符合相关规定。检验方法：人工检测。

（6）膜面排水坡度、排水沟槽、檐口设置应符合设计要求，排水顺畅。检验方法：人工检测、自然淋水或局部淋水试验。

3.8.5 实例或示意图

见图 3.8-6、图 3.8-7。

图 3.8-6 单元膜接缝采用覆盖条

图 3.8-7 膜张拉固定示意图

3.9 钢-混凝土组合结构

3.9.1 适用范围

适用于型钢混凝土组合结构、钢管混凝土结构、多腔箱形钢板剪力墙混凝土结构施工。

3.9.2 质量要求

(1) 钢结构深化设计必须在符合原设计要求的前提下，满足车间加工和现场安装要求，并应综合考虑与混凝土结构之间的连接节点处理，同时考虑与机电专业之间的预留预埋。

(2) 所用钢材、焊材及涂装材料均应有产品质量证明书、产品标志、检验报告，并应满足设计要求。

(3) 钢材、钢部件拼接或对接时所采用的焊缝质量等级应满足设计要求。当设计无要求时，应采用质量等级不低于二级的熔透焊缝，对直接承受拉力的焊缝，应采用一级熔透焊缝。

(4) 钢管接长时，相邻管节或管段的纵向焊缝应错开，错开的最小距离（沿弧长方向）不应小于 5 倍的钢管壁厚。主管拼接焊缝与相贯的支管焊缝间的距离不应小于 80mm。

(5) 钢管及多腔钢板剪力墙外表面的防锈涂料、涂装遍数、涂层厚度应符合设计要求。当作为临时防锈措施时，钢管外表面防锈干漆膜厚不宜小于 $100\mu m$，涂装遍数不应少于 3 遍；钢管内表面应保持清洁，可涂刷纯水泥浆 2～3 遍防锈。现场施焊部位暂不涂装，待焊接完成后补涂。

(6) 栓钉连接件宜选用普通碳素钢，并应符合现行国家标准《电弧螺柱焊用圆柱头焊钉》GB/T 10433 的规定，单个栓钉的屈服强度不得小于 $320N/mm^2$，其抗拉强度不得小于 $400N/mm^2$。

(7) 钢-混凝土结构中的钢筋工程，必须根据规范及设计要求满足锚固和搭接要求。无论是柱或墙的钢筋都尽可能地减少纵向钢筋穿过型钢腹板的数量，且不宜穿过型钢翼缘。钢筋与型钢之间可采用钢筋连接器进行连接。当必须在型钢翼缘上预留穿筋孔时，应由设计人员进行截面的承载能力验算，不满足承载力要求时，应进行补强。

(8) 钢筋穿腹板、翼缘孔，不得采用气割开孔，孔径符合表 3.9-1 要求。

常用钢筋穿孔的孔径表 （mm）   表 3.9-1

钢筋直径	10	12	14	16	18	20
穿孔直径	15	18	20～22	20～24	22～26	25～28
钢筋直径	22	25	28	32	36	40
穿孔直径	26～30	30～32	36	40	44	48

(9) 混凝土采用无收缩混凝土或微膨胀混凝土，强度等级不应低于 C30，有抗震设防要求时，剪力墙不宜超过 C60。

(10) 型钢混凝土组合结构构件的混凝土最大骨料直径宜小于型钢外侧混凝土保护层厚度的 1/3，且不宜大于 25mm。对浇筑难度较大或复杂节点部位，宜采用骨料更小、流动性更强的高性能混凝土。钢管混凝土构件中混凝土最大骨料直径不宜大于 25mm。

（11）混凝土运输、浇筑及间歇的全部时间不应超过混凝土的初凝时间，同一施工段钢管内混凝土应连续浇筑。当需要留置施工缝时应按专项施工方案留置。

（12）混凝土的坍落度可根据混凝土的浇灌工艺确定。当采用预拌混凝土时，坍落度不宜小于 160mm，不宜大于 200mm。

3.9.3 工艺流程

1. 型钢混凝土组合结构施工工艺流程

测量定位、放线→绑扎底板或承台钢筋→安装钢柱柱脚埋件及定位螺栓（验收合格）→浇筑底板或承台混凝土→安装型钢柱→柱脚灌注→安装型钢梁→浇筑柱芯混凝土→安装墙、柱钢筋（验收合格）→安装墙、柱模板→安装梁底筋→安装梁底模→安装梁面钢筋、腰筋、箍筋→安装梁侧模及水平结构模板→绑扎板钢筋→浇筑柱、梁、板混凝土（验收合格）→结束。

2. 钢管混凝土结构

深化设计→加工制作、运输→地脚螺栓复核→钢管（矩形）柱脚安装→柱芯钢筋绑扎→钢管（矩形）柱安装与校正、焊接（验收合格）→柱底灌注→混凝土浇筑→钢管（矩形）柱接长对接焊（验收合格）→焊接外观检验、无损检验→混凝土浇筑→养护→混凝土检测。

3. 多腔箱形钢板剪力墙混凝土结构工艺流程

深化设计→加工制作、运输→施工准备→预埋件埋设→预埋件复核（合格）→预埋件混凝土浇筑→剪力墙组立→剪力墙焊接→分段拼装→竖向接口检测→剪力墙分段吊装→焊接→焊接外观检验→焊缝无损检验（合格）→混凝土浇筑→养护→混凝土检测。

3.9.4 精品要点

1. 型钢混凝土组合结构

1）安装柱脚螺栓—采取定位措施

柱脚埋件安装前先进行定位、放线，并在四个方向加固，控制埋件的高度。浇筑混凝土时，拉通线控制，专人在纵横两个方向用经纬仪监测，以避免移位。同时安放调节螺母，用于调节钢柱埋件的标高。埋件调整验收后，在螺栓丝头部位上涂黄油并包上油纸保护。在后续施工时对地脚螺栓采取严格的保护措施，严禁碰撞和损坏；在钢柱安装前要将螺纹清理干净（图 3.9-1）。

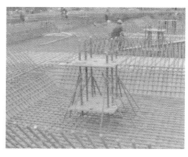

图 3.9-1 安装柱脚螺栓—采取定位措施

2）型钢柱吊装——标识清平稳吊

吊装前，应先对柱内型钢中心线及相对轴线位置进行复合，对局部有标高限制的部位也应提前进行标注，进而方便型钢吊装。在钢柱两相邻面上距柱上端面及距柱下端面各300mm处作柱中心线标记，在距柱下端面1000mm处作1m标高线（图3.9-2、图3.9-3）。

3）柱脚灌浆——灌完浆要养护

柱脚灌浆料采用高强无收缩灌浆料。浇筑时，从一侧灌浆，至另一侧溢出并明显高于锚板下表面为止，严禁从两个方向轮流灌注。灌浆料无须振捣，且开始灌浆后必须连续进行，不能间断，并尽可能地缩短灌浆时间。灌浆完毕后，要覆盖塑料薄膜；灌浆料强度达到20MPa以后方可拆除模板；养护时间不得小于14d。柱底清理浆液示意图及现场图见图3.9-4、图3.9-5。

4）型钢梁吊装、安装——型钢梁专业安装

吊装前核对构件重量与塔式起重机的起重参数，确保在塔式起重机的有效起重范围；钢梁的吊装必须采用专用卡具，卡具必须有合格证书及质量证明文件，严禁使用自制式吊装卡具；同一列钢梁从中间向两侧对称施吊，同一跨梁依从下而上的顺序进行；在安装和校正柱与柱之间的主梁时，先将柱距撑开，预留偏差值和焊接接头收缩量，确保焊接完成后柱距不受影响（图3.9-6、图3.9-7）。

图 3.9-2 型钢柱示意图

图 3.9-3 型钢柱吊装现场图

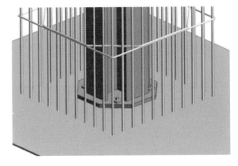

图 3.9-4 柱底清理浆液示意图

图 3.9-5 柱底清理浆液现场图

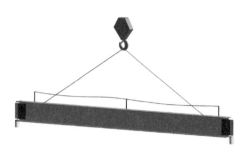

图 3.9-6　钢梁吊装示意图　　　　图 3.9-7　钢梁吊装现场图

5）柱芯混凝土浇筑——自密混凝土要密实

柱芯混凝土一般采用免振捣自密实混凝土，利用定型混凝土下料斗借助塔式起重机进行浇筑，也可以直接使用商品混凝土的天泵进行浇筑。当浇筑后的混凝土有坍落时，要在混凝土初凝时间内，及时将混凝土补浇至柱顶标高，确保钢柱柱芯内填满混凝土，以达到设计及规范要求。

6）柱、墙钢筋安装——墙、柱筋机械连接

（1）柱、墙主筋多采用直螺纹连接，最小净距不宜小于 60mm，水平方向设有多肢箍筋组成的箍筋组及拉钩。

（2）钢柱、剪力墙节点处，要事先确定出钢柱、剪力墙的竖向主筋、水平箍筋、剪力墙水平钢筋、梁纵向主筋及梁箍筋等各种钢筋的绑扎顺序，以免柱、墙、梁的纵向主筋与箍筋等在绑扎顺序和方向上发生矛盾（图 3.9-8）。

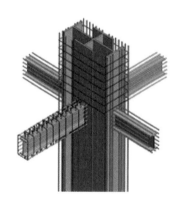

图 3.9-8　柱、梁节点

（3）主筋的安装与普通钢筋工程基本相同，但在上部或下部遇有钢梁时，需要提前进行深化设计，柱主筋尽可能躲开钢梁，躲不开的应从钢梁预留孔中穿过（图 3.9-9）。

（4）非节点区箍筋可以预先套在主筋上落在柱根部，主筋焊接完毕后按设计间距串筋、绑扎。上下两层箍筋水平方向上的连接点应错开绑扎。

（5）箍筋安装时不能像普通混凝土结构柱子一样从顶部顺序下放，必须将箍筋开口部位打开，在没有连接主筋之前将箍筋从型钢柱柱身向下套。

（6）型钢混凝土柱箍筋需要穿过型钢柱腹板时，将箍筋改为两只 U 形箍，穿入定位后再行焊接，焊接长度 10d，上下两组焊接位置错开（图 3.9-10）。

图 3.9-9　主筋穿钢梁、柱

图 3.9-10　劲性柱钢筋安装

7）梁钢筋安装——节点筋先深化

（1）劲性梁钢焊接并探伤合格后，绑扎梁内钢筋和箍筋要求严格按照蓝图施工，保证梁内钢筋型号、间距和钢筋保护层厚度无误。

（2）型钢梁柱节点施工需要提前进行深化设计，在梁柱腹板上打好穿筋孔，柱箍筋采用开口箍，需要提前对称穿插后焊接，方可进行梁主筋的施工。

（3）型钢混凝土框架梁高度超过 500mm 时，梁的两侧沿高度方向每隔 200mm，应设置一根纵向腰筋，且腰筋与型钢间宜配置拉结钢筋。

（4）型钢混凝土梁应沿全长设置箍筋，箍筋的直径不应小于 8mm，最大间距不得超过 300mm，同时箍筋的间距也不应大于梁高的 1/2。

（5）主筋连接之前需将箍筋套好，套箍筋时必须将箍筋开口部位打开，调整梁的主筋、箍筋并绑扎牢固。

（6）普通钢筋混凝土梁主筋与钢骨柱牛腿的连接采用双面搭接焊，绑扎前需要提前摆好梁主筋的位置，套好箍筋后穿主筋，调整梁的主筋、箍筋，进行直螺纹连接，最后进行箍筋绑扎和主筋与牛腿的搭接焊（图 3.9-11）。

8）柱、梁模板安装——据尺寸定加固

（1）当型钢混凝土柱、墙内的型钢截面较大时，型钢会影响普通对拉螺栓的贯通。对

图 3.9-11　梁钢筋绑扎

于型钢剪力墙和截面单边长度超过 1200mm 的型钢混凝土柱，一般采取在型钢上焊接 T 形对拉螺栓的方式固定模板。

（2）对于边长小于 1200mm 的型钢柱，一般采用槽钢固定模板（图 3.9-12）。

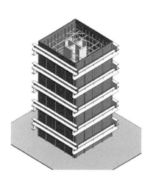

图 3.9-12　柱模板安装

（3）型钢与钢筋较密的混凝土墙、柱，应在钢筋绑扎过程中留好浇筑点并在钢筋上作出标记，选用小棒振捣，确保不出现漏振现象。

（4）因型钢梁内 H 型钢骨的存在，部分特殊的结构需要严禁腹板穿孔，现场无法采用可回收的对拉螺杆固定梁侧模。可采用梁卡箍的形式进行型钢混凝土梁的侧模加固施工。

（5）梁柱接头处要预留排气孔，保障混凝土浇筑质量。

9）混凝土浇筑——混凝土分层浇筑，先铺砂浆

（1）型钢混凝土柱、墙浇筑前，柱底铺设 50mm 的水泥砂浆（其配合比与混凝土的砂浆成分相同），分层（400mm）浇筑混凝土、分层振捣。振动棒应快插慢拔，插点要均匀排列、逐点移动，独立柱应在柱四角进行插棒振捣。

（2）当梁纵向受拉钢筋超过两排时，应分层浇筑，确保梁底混凝土密实。

（3）梁底浇捣应采用混凝土从梁一侧下料，用振动器在工字梁一侧浇捣，将混凝土从梁底挤向另一侧，直至混凝土高度超过钢梁下翼缘板 100mm 以上，然后改为从两侧对称进一步振捣。当浇筑至离钢梁上翼缘板 150mm 时，将混凝土从梁中部开始下料浇捣，混凝土投料高度超过钢梁上翼缘板 150mm，使其对下层混凝土有一定压力，混凝土浇捣从梁的中部开始逐渐向两侧延伸，直至上翼缘板混凝土的气泡从钢梁两端排出。

（4）混凝土浇筑完毕后的 12h 以内，对混凝土加以覆盖并进行保湿养护。

2. 钢管混凝土结构

1) 钢管柱的制作、安装

同第 3 章第 3.6 节。

2) 钢管（矩形）柱柱脚安装

（1）利用地脚螺栓将钢底板锚固，锚栓直径一般为 20～42mm，不宜小于 20mm，锚栓规格及数量通过计算确定。

（2）钢柱脚底板厚度不宜小于钢柱较厚板件厚度，且不宜小于 30mm。

（3）柱内的纵向钢筋与基础内伸出的插筋相连接。

（4）钢柱脚底板调整后，拧紧地脚螺栓。钢管（矩形）柱与底板采用对称焊接，焊接后复核柱垂直度并调整，二次紧固地脚螺栓。

（5）基础地面和柱脚底板之间二次灌注强度不小于 C40 的无收缩细石混凝土或铁屑砂浆或专用灌浆料。

3) 混凝土选配——混凝土外加剂、坍落度

（1）钢管混凝土用混凝土强度等级不小于 C30，宜选用微膨胀混凝土，收缩率不大于万分之二，严禁使用含氯化物类的外加剂。

（2）钢管柱混凝土的配比设计是考虑为了避免混凝土与钢管柱产生"剥离"现象，钢管柱混凝土内掺适量减水剂、微膨胀剂，掺量通过现场试验确定。除满足强度指标外，尚应注意混凝土坍落度不小于 150mm，水灰比不大于 0.45，粗骨料粒径可采用 5～30mm。对于立式手工振捣法，粗骨料粒径可采用 10～40mm，水灰比不大于 0.4。当有穿心部件时，粗骨料粒径宜减小为 5～20mm，坍落度宜不小于 150mm。为满足上述坍落度的要求，应掺适量减水剂。

4) 混凝土浇筑——宜连续，防离析

（1）钢管混凝土浇筑方法应按照结构形式选择，可采用泵送顶升浇筑法、振捣浇筑法、高位抛落无振捣法等，浇筑前进行浇筑工艺试验，并形成试验记录。

（2）钢管内的混凝土浇筑工作，宜连续进行。必须间歇时，间歇时间不应超过混凝土的初凝时间。需留施工缝时，应将管封闭，防止水油和异物等伤人。每次浇筑混凝土前（包括施工缝）应先浇筑一层厚度为 50～100mm、与混凝土相同配合比的水泥砂浆，以免自由下落的混凝土产生离析现象。

5) 泵送顶升浇筑法——要排气，防回流

（1）当钢管直径小于 350mm 或选用半熔透直缝焊接钢管时不宜采用泵送顶升法。

（2）插入钢管柱内的短钢管直径与混凝土输送泵管直径相同，壁厚不小于 5mm，内端向上倾斜 45°，与钢管柱密封焊接。

（3）为了防止混凝土回流，在短钢管与输送泵之间安装止回阀。为防止在混凝土泵送顶升浇灌过程中闸板缝漏气，需用黄油涂缝，或者加设一个密封圈垫在闸板缝内。混凝土泵送顶升浇灌结束后，控制泵压 2～3min，然后略松闸板的螺栓，打入止流闸板（图 3.9-13）。

（4）钢管（箱形）柱顶部要设溢流孔或卸压孔，孔径不小于混凝土输送泵管直径。

（5）钢管（箱形）柱内置隔板上增设孔径 50mm 排气孔，避免在内置隔板下形成空腔，且减少泵送压力（图 3.9-14）。

（6）混凝土强度达到设计强度的 50% 后，割除钢短管、卸压孔，补焊封堵板。

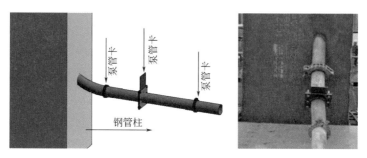

图 3.9-13　泵送顶升法浇筑混凝土示意图

图 3.9-14　拼装示意图

（7）浇筑孔和溢流孔应在加工厂内开设，不得后开。

6）振捣浇筑法

管径大于 350mm 时，采用内部振动器，每次振捣时间不少于 30s。当管径小于 350mm 时，可采用附着在钢管上的外部振动器进行振捣，振捣时间不小于 1min。一次浇灌高度不宜大于 2m。

7）高位抛落无振捣法——控高度

（1）适用管径大于 350mm 的大管径钢管内混凝土浇筑。一次抛落混凝土量宜不少于 0.5m³，用料斗的下口尺寸应比钢管内径小 100～200mm，以便混凝土下落时，管内空气能够排除。

（2）抛落高度小于 4m 时，需要振捣，抛落高度超过 6m 时，宜采用导浆管浇筑。

8）密实度检测——敲击、超声波与钻芯

（1）人工敲击法：钢管混凝土浇筑完成后，用工具敲击钢管的不同部位，通过声音辨别管内混凝土的密实度。

（2）超声波检测法：利用超声波检测仪对混凝土进行检测，根据超声波的波形判断管内混凝土的密实性、均匀性和局部缺陷等。

（3）钻芯取样法：用钻芯取样机对混凝土浇筑质量疑似缺陷部位进行环切取样，这种方法最能真实反映钢管柱内混凝土浇筑情况，但是对于主体结构是一种破坏，所以采用这种方法时应当慎重，取样后，取样部位应采取封堵、补焊等加强措施。

3. 多腔箱形钢板剪力墙结构

多腔箱形钢板剪力墙结构的工艺除加工制作与吊装与钢管混凝土结构有一定的区别外，其余工艺基本一致。

1）箱形钢板剪力墙制作（图 3.9-15）

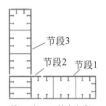 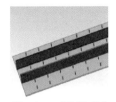   

第一步：L形直角柱与C形柱的制作大致相同，首先对圆管柱先行制作，圆管柱制作好后制作亚型部件

第二步：L形柱第1段的内隔板开坡口加衬板焊接装配

第三步：上翼板装配

第四步：最外侧腹板装配，主焊缝开坡口加衬垫全熔透一级

第五步：L形直角柱第2段柱子制作顺序，内隔板装配

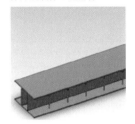 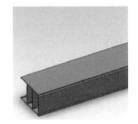 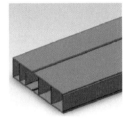 

第六步：上翼板装配

第七步：最外侧腹板装配，主焊缝开坡口加衬垫全熔透一级

第八步：先拼接直角柱第1段与第2段；采用开坡口加衬板全熔透，焊缝质量等级为一级

第九步：拼接直角柱第2、3段柱子，拼接完成；采用开坡口加衬板全熔透，焊缝质量等级一级，施焊时两侧同时对称焊接，以防构件因不对称焊接产生较大应力变形

图 3.9-15　箱形钢板剪力墙制作

2）箱形钢板剪力墙吊装（图 3.9-16）

第一步：L形柱第1段的内隔板开坡口加衬板焊接装配　　　第二步：相邻位置剪力墙、钢梁安装

第三步：依次完成周边区域钢板剪力墙安装　　　第四步：依次完成中间区域钢板剪力墙安装

图 3.9-16　箱形钢板剪力墙吊装

3.9.5 实例或示意图

1. 型钢混凝土结构示意图

见图 3.9-17～图 3.9-19。

图 3.9-17　型钢梁柱节点示意图

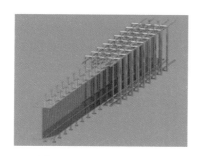

图 3.9-18　梁配筋示意图

图 3.9-19　节点区型钢梁侧模板加固及支撑示意图

2. 钢管混凝土结构示意图

见图 3.9-20。

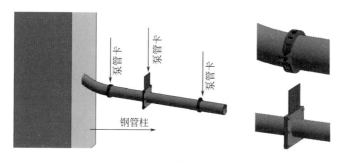

图 3.9-20　钢管混凝土结构示意图

3. 多腔箱形钢板剪力墙结构示意图

见图 3.9-21～图 3.9-24。

图 3.9-21 钢板剪力墙吊装（1）

图 3.9-22 钢板剪力墙吊装（2）

图 3.9-23 钢板剪力墙吊装（3）

图 3.9-24 钢板剪力墙吊装（4）

3.10 组合楼板

3.10.1 适用范围

适用于压型钢板（楼承板）与混凝土组合楼板、钢筋桁架楼承板与混凝土组合楼板。

3.10.2 质量要求

（1）压型钢板的力学性能、防腐性能、防火能力满足设计和规范要求。压型钢板采用镀锌钢板，其镀锌层厚度应满足使用期间不致锈损的要求。

（2）在满足施工要求的前提下，尽量采用较小的混凝土坍落度，泵送混凝土坍落度以60～80mm 为宜。

（3）非组合板的压型钢板的基板厚度应不小于 0.5mm，组合板的压型钢板的基板厚度应不小于 0.75mm。

（4）组合楼板的总厚度不应小于 90mm，压型钢板板肋上的混凝土厚度不应小于50mm，同时兼顾设备管道的要求。

（5）组合楼板在钢梁上的支承长度不应小于 50mm，在设有预埋件的混凝土梁或剪力墙上的支承长度不应小于 75mm（图 3.10-1）。

（6）组合楼板侧向在钢梁上的搭接长度不应小于 25mm，在设有预埋件的混凝土梁上的搭接长度不应小于50mm（图3.10-2）。

（7）压型钢板安装波纹对直，不得采用氧气乙炔焰开孔和节点裁切，避免烧掉镀锌涂层。

（8）板边咬口点间距不大于$B/2$（B为板尺寸）且不大于400mm，板缝咬合平整，深度一致。

（9）大于5mm的缝隙用胶带封贴严密，避免漏浆。

（10）栓钉高度允许偏差为±2mm，偏离垂直方向的倾角$\theta \leqslant 5°$，剪力钉焊接后，以四周熔化的金属成均匀小圈且无缺陷为合格。

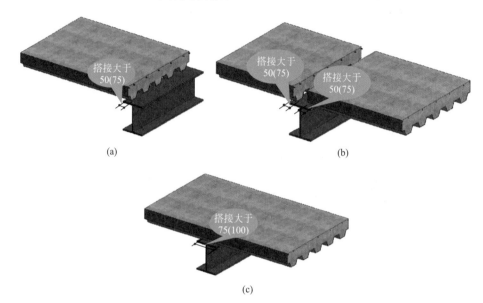

图3.10-1 楼承板竖向与结构连接构造要求

（a）边梁；（b）中间梁（压型钢板不连续）；（c）中间梁（压型钢板连续）

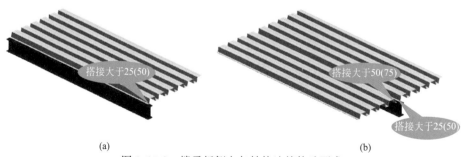

图3.10-2 楼承板侧向与结构连接构造要求

（a）楼承板与钢梁侧向搭接；（b）收边板构造

3.10.3 工艺流程

开始→钢结构隐蔽验收→施工放样→支顶架搭设→压型钢板铺设→堵头板和封边板焊接→压型板锁口→栓钉焊接→压型板验收→水电管预埋→钢筋绑扎→隐蔽验收→混凝土浇筑→混凝土养护→支顶架拆除→结束。

3.10.4 精品要点

1. 钢结构隐蔽验收——高强度螺栓和焊接

铺设前应对钢结构报验，主要验收内容为梁柱节点焊接情况、梁柱节点高强度螺栓紧固、隐蔽情况。

2. 施工放样——先复查后放线

(1) 施工前应绘制压型钢板（楼承板）排板图，图中应注明柱、梁及压型钢板（楼承板）的相互关系，楼承板的尺寸、块数、搁置长度及楼承板与柱相交处切口尺寸，压型钢板（楼承板）与梁的连接方法，以减少在现场切割的工作量。

(2) 放样时需先检查钢构件尺寸，以避免钢构件安装误差导致放样错误。压型钢板（楼承板）安装时，在压型钢板（楼承板）两端端部弹设基准线，距钢梁翼缘边至少 50mm。

(3) 压型钢板（楼承板）以对接方式施工时，于压型钢板（楼承板）两端端部弹设基准线，位于钢梁中心线处。

(4) 边模施工放样，按边模底板长度扣除悬挑尺寸后，要求与钢梁搭接不少于 50mm。

(5) 曲线悬挑处边模作业，无需放样但需力求与曲线平行。

3. 支架搭设——取决于结构自重和施工荷载

(1) 当压型钢板的强度和刚度满足结构自重及施工荷载要求时，楼板施工不用搭设模板支架。

(2) 结构自重及施工荷载较大，压型钢板（楼承板）的强度和刚度不满足要求，可利用 H 型钢梁下翼缘作为支撑点简易支模，也可采用独立三角支撑架（图 3.10-3）。

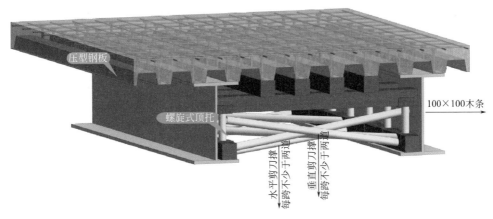

图 3.10-3 支架搭设

4. 压型钢板（楼承板）铺设——铺设顺序与固定

(1) 压型钢板（楼承板）在搬运过程中，用软麻绳或软纤维绳捆绑，不得采用钢丝绳捆绑直接起吊，避免绑扎处压坏模板。长度小于 3m 捆扎不少于 2 道，长度 3～6m 捆扎不少于 3 道，长度大于 6m 捆扎不少于 4 道。

(2) 采用等离子弧切割机下料，不得采用氧气、乙炔火焰切割，避免烧坏钢板镀锌涂层。

（3）在等截面钢梁上铺设压型钢板（楼承板）时，从一端向另一端铺设；在变截面钢梁上铺设压型钢板（楼承板）时，由梁中向两端铺设。

（4）相邻跨压型钢板（楼承板）端头槽口对齐贯通，随铺设随校正随点焊，防止压型钢板（楼承板）松动滑脱。

（5）压型钢板（楼承板）与钢梁搭接支承长度不小于 50mm，当设计无规定时，焊点直径 12mm，焊点间距 200～300mm。

（6）连续压型钢板（楼承板）在钢梁处搭接，两板搭接长度不小于 50mm，先点焊成整体，再与钢梁进行栓钉锚固。

（7）压型钢板（楼承板）铺设完成后，要及时采用点焊的方式与钢梁固定。

（8）压型钢板（楼承板）施工中，应详细参照楼板留洞图和排板图，先在压型钢板（楼承板）定位，后弹出洞口边线，进行洞口预留。

5. 堵头板和封边板安装——封堵牢固不漏浆，临边洞口要加强

（1）端头封堵：压型钢板端头反波口，用与楼承板相同的钢板剪开 90°弯折，与楼承板端口三个侧面搭接，自攻螺钉固定，确保端头封堵牢靠。

（2）边沿封堵：板外边、洞口周用 L 形通长的不小于 2.6mm 厚的薄钢板与钢梁点焊连接成组合楼板的挡边板，焊点直径 10～12mm，焊点间距 200～300mm。封沿板上口加焊 $\phi6@1000$mm 钢筋拉结，增强封沿板侧向刚度（图 3.10-4）。

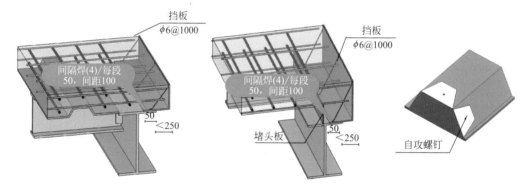

图 3.10-4　堵头板和封边板

（3）标高变化处理：标高降低处板厚改变，板底标高不变，压型钢板（楼承板）连续铺设；板厚不变，钢梁顶标高不变，钢梁边缘焊接型钢作为压型钢板（楼承板）支承端，压型钢板（楼承板）断开铺设；板厚不变，钢梁顶标高降低，采用边沿封堵方法，压型钢板（楼承板）断开铺设（图 3.10-5）。

（4）洞口加强处理：洞口尺寸<300mm 可不作加固；300mm≤洞口尺寸≤750mm 时沿长边方向采用角钢加固，且每边超出洞口大于等于 300mm；750mm<洞口尺寸≤1500mm 时洞口四周采用槽钢或角钢加固，且长边方向加固槽钢或角钢与结构连接牢固（图 3.10-6）。

6. 栓钉焊接——直径、高度、间距、磁环

（1）栓钉穿透压型钢板凹肋与钢梁焊接，使组合楼板与钢梁连接成整体。

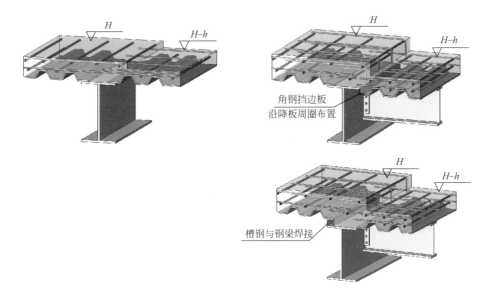

图 3.10-5 标高变化处理剖面图

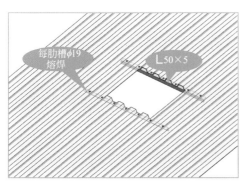 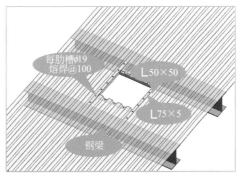

图 3.10-6 洞口加固示意图

（2）栓钉直径：板跨小于 3m，栓钉直径 13mm 或 16mm；板跨 3～6m，栓钉直径 16mm 或 19mm；板跨大于 6m，栓钉直径 19mm。

（3）栓钉高度：焊后栓钉高度应大于波高加 30mm，栓钉顶面混凝土保护层厚度不大于 15mm。

（4）栓钉间距：栓钉沿梁轴线方向布置，其间距不小于 4d（d 为栓钉直径，下同）；栓钉垂直梁轴线布置，其间距不小于 5d；边距不小于 35mm。

（5）栓钉焊接时，熔焊栓钉机的用电量大，为保证焊接质量及其他用电设备的安全，必须单独设置电源。

（6）每个焊钉带一个磁环保护电弧的热量及稳定。

（7）操作时，要待焊缝凝固后才能移去焊钉枪（图 3.10-7）。

7. 水电管线预埋

压型钢板（楼承板）电气设备管线处，用双金属取孔器开孔，减少压型钢板模板的破损及不必要的封堵。

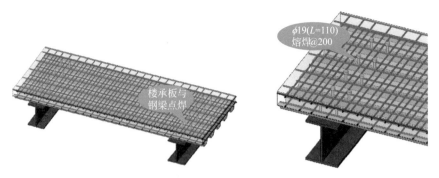

图 3.10-7　栓钉焊接

8. 钢筋绑扎——避免受力筋坠落波谷

见图 3.10-8。

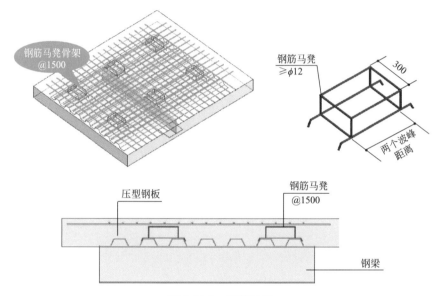

图 3.10-8　钢筋马凳

9. 混凝土浇筑——易散铺，忌集中

（1）压型钢板（楼承板）保水性能远远优于常规木模板，混凝土浇筑时，泥浆沿板缝渗漏很少。在保证工作性能的前提下，与常规的混凝土相比，组合楼板混凝土拌制尽量采用较少用水量和较小坍落度，避免过多水泥浆上浮在混凝土表面，影响组合楼板混凝土实体质量。混凝土中掺加聚丙烯纤维，增强组合楼板抗裂性能。

（2）组合楼板混凝土浇筑时应该散铺，不得集中堆积，倾倒混凝土时，宜在正对钢梁或临时支撑的部位进行，倾倒范围或倾倒混凝土造成的临时堆积不得超过钢梁或临时支撑左右各 1/6 板跨范围内的压型钢板（楼承板），虚铺厚度考虑模板凹槽所占的体积，经平板振动器振实粗平后，用铁抹子找平，混凝土初凝前再压实收光一遍。

10. 混凝土养护——养护要及时

（1）混凝土硬化至可上人时，开始对混凝土进行养护，养护时间不少于 7d。

（2）当气温高于10℃时，采用浇水养护。冬期施工不得将裸露部分混凝土直接浇水养护，应用草袋、麻袋和塑料薄膜等进行保温保湿养护。

11. 模板支架拆除——安全第一

模板支架拆除时间，不考虑压型钢板（楼承板）对楼板结构的荷载作用，参照《混凝土结构工程施工质量验收规范》GB 50204 中模板拆除的规定是偏安全的。

3.11 钢结构焊接

3.11.1 适用范围

适用于钢结构板焊接、管焊接、焊接球节点焊接、厚板焊接、铸钢节点焊接等。

3.11.2 一般质量要求

（1）焊接母材应有对应的合格证、复试报告；所使用的焊丝应有对应的合格证、复试报告。

（2）超声波检仪器应有合格证及定期检测报告。

（3）CO_2 保护气体应有出厂合格证及纯度检测报告。

（4）确保无焊缝外观质量问题，主要包括：余高、咬边、表面夹渣、表面气孔、表面裂纹。

（5）无损检测焊缝打磨时，必须保证涂上润滑剂使探头与构件表面完全接触。

（6）根据设计要求进行焊缝无损检测，一级焊缝探伤比例100%，二级焊缝探伤比例20%（图 3.11-1）。

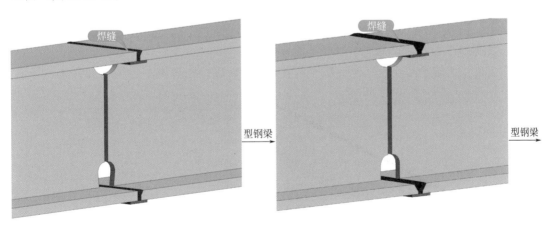

图 3.11-1 钢结构焊缝三维示意图

3.11.3 工艺流程

开始→母材准备→焊口矫正→引弧板设置→焊前预热→定位焊→填充溢面→消除应力→无损检测→气刨返修（无损探伤不合格）→结束（无损探伤合格）。

3.11.4 精品要点

1. 焊接母材准备——光洁，无杂质

母材上待焊接的表面和两侧应均匀、光洁，且无毛刺、裂纹和其他对焊缝质量有不利影响的缺欠。待焊接的表面及距焊缝位置 50mm 范围内不得有影响正常焊接和焊缝质量的氧化皮、锈蚀、油脂、水等杂质。

2. 焊接接头装配——平缓，无错边

对接接头的错边量严禁超过接头中较薄件厚度的 1/10，且不超过 3mm。当不等厚部件对接接头的错边量超过 3mm 时，较厚部件应按不大于 1：2.5 的坡度平缓过渡。T 形接头的角焊缝及部分焊透焊缝连接的部件应尽可能密贴，两部件间根部间隙不应超过 5mm；当间隙超过 5mm 时，应在板端表面堆焊并修磨平整使其间隙符合要求。T 形接头的角焊缝连接部件的根部间隙大于 1.5mm，且小于 5mm 时，角焊缝的焊脚尺寸应按根部间隙值而增加。对于搭接接头及塞焊、槽焊以及钢衬垫与母材间的连接接头，接触面之间的间隙不应超过 1.5mm（图 3.11-2、图 3.11-3）。

图 3.11-2　焊缝接头示意图　　　　图 3.11-3　焊缝接头间隙测量

3. 引弧板、引出板设置——延长不伤母材

在焊接接头的端部设置焊缝引弧板、引出板，使焊缝在提供的延长段上引弧和终止。

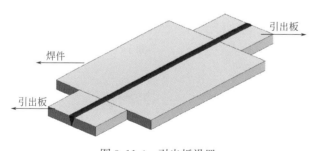

图 3.11-4　引出板设置

焊条电弧焊和气体保护电弧焊焊缝引弧板、引出板长度应大于 25mm，埋弧焊引弧板、引出板长度应大于 80mm（图 3.11-4）。引弧板和引出板宜采用火焰切割、碳弧气刨或机械等方法去除，不得伤及母材并将割口处修磨、使焊缝端部平整。严禁锤击去除引弧板和引出板。

4. 焊接环境监控——无风，湿度小

（1）焊条电弧焊和自保护药芯焊丝电弧焊，其焊接作业区最大风速不宜超过 8m/s，气体保护电弧焊不宜超过 2m/s，否则应采取有效措施以保障焊接电弧区域不受影响。

（2）焊接作业区的相对湿度大于 90%；焊件表面潮湿或暴露于雨、冰、雪中；焊接作业条件不符合《焊接安全作业技术规程》要求时，严禁焊接。

5. 焊前预热——两侧均加热

焊前预热宜采用电加热法、火焰加热法和红外线加热法等加热方法进行，并采用专用的测温仪器测量；预热的加热区域应在焊缝坡口两侧，宽度应为焊件施焊处板厚的 1.5 倍以上，且不小于 100mm；预热温度宜在焊件受热面的背面测量，测量点应在离电弧经过前的焊接点各方向不小于 75mm 处；当采用火焰加热器预热时正面测温应在加热停止后进行。

6. 定位焊——跳跃间隔焊

定位焊焊缝厚度应不小于 3mm，对于厚度大于 6mm 的正式焊缝，其定位焊缝厚度不宜超过正式焊缝厚度的 2/3。定位焊缝的长度应不小于 40mm，定位焊缝间距宜为 300～600mm。钢衬垫焊接接头的定位焊宜在接头坡口内焊接；定位焊焊接时预热温度应高于正式施焊预热温度 20～50℃；定位焊缝与正式焊缝应具有相同的焊接工艺和焊接质量要求；定位焊焊缝若存在裂纹、气孔、夹渣等缺欠，要完全清除（图 3.11-5、图 3.11-6）。

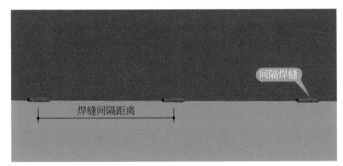

图 3.11-5　间隔焊缝示意图

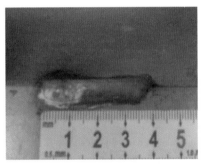

图 3.11-6　焊缝长度测量

7. 焊缝填充——多层多道对称焊

对接接头、T 形接头和十字接头，在工件放置条件允许或易于翻身的情况下，宜双面对称焊接；有对称截面的构件，宜对称于构件中和轴焊接；有对称连接杆件的节点，宜对称于节点轴线同时对称焊接。非对称双面坡口焊缝，宜先焊深坡口侧，然后焊满浅坡口侧，最后完成深坡口侧焊缝，特厚板宜增加轮流对称焊接的循环次数。对长焊缝宜采用分段退焊法或与多人对称焊接法同时运用。宜采用跳焊法，避免工件局部热量集中。多层焊时应连续施焊，每一焊道焊接完成后应及时清理焊渣及表面飞溅物，发现影响焊接质量的缺欠时，应清除后方可再焊。遇有中断施焊的情况，应采取适当的后热、保温措施，再次焊接时重新预热温度应高于初始预热温度（图 3.11-7）。

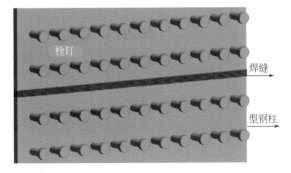

图 3.11-7　焊缝效果图

8. 焊后消应力处理——保温宽度足够

（1）当采用电加热器对焊接构件进行局部消除应力热处理时，尚应符合下列要求：使用配有温度自动控制仪的加热设备，其加热、测温、控温性能应符合使用要求；构件焊缝每侧面加热板（带）的宽度至少为钢板厚度的 3 倍，且应不小于 200mm；加热板（带）以外构件两侧宜用保温材料适当覆盖（图 3.11-8）。

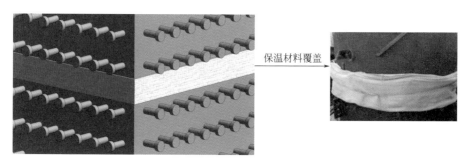

保温材料覆盖

图 3.11-8　焊后保温

（2）用锤击法消除中间焊层应力时，应使用圆头手锤或小型振动工具进行，不应对根部焊缝、盖面焊缝或焊缝坡口边缘的母材进行锤击。

（3）用振动法消除应力时，应符合现行国家相关标准的规定。

9. 焊缝返修——确定裂纹的范围和深度

（1）焊瘤、凸起或余高过大，采用砂轮或碳弧气刨清除过量的焊缝金属。

（2）焊缝凹陷或弧坑、焊缝尺寸不足、咬边、未熔合、焊缝气孔或夹渣等应在完全清除缺陷后进行补焊。

（3）焊缝或母材的裂纹应采用磁粉、渗透或其他无损检测方法确定裂纹的范围及深度，用砂轮打磨或碳弧气刨清除裂纹及其两端各 50mm 长的完好焊缝或母材，修整表面或磨除气刨渗碳层后，用渗透或磁粉探伤方法确定裂纹是否彻底清除，再重新进行补焊。对于拘束度较大的焊接接头上焊缝或母材上裂纹的返修，碳弧气刨清除裂纹前，宜在裂纹两端钻止裂孔后再清除裂纹缺陷。

（4）焊接返修的预热温度应比相同条件下正常焊接的预热温度提高 30~50℃，并采用低氢焊接方法和焊接材料进行焊接。

（5）返修部位应连续焊成。如中断焊接，应采取后热、保温措施，防止产生裂纹。厚板返修焊宜采用消氢处理（图 3.11-9）。

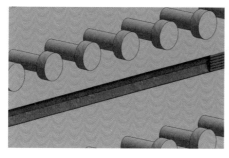
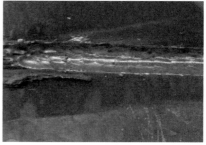

图 3.11-9　气刨返修

10. 焊后矫正——温度不能过高，自然冷却

因焊接而变形超标的构件应采用机械方法或局部加热的方法进行矫正。采用加热矫正时，调质钢的矫正温度严禁超过最高回火温度，其他钢材严禁超过800℃。加热矫正后宜采用自然冷却，低合金钢在矫正温度高于650℃时严禁急冷。

3.11.5　实例或示意图

见图3.11-10。

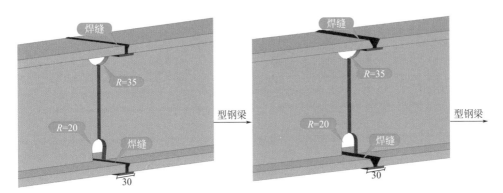

图3.11-10　焊缝示意图

3.12　钢结构紧固件连接

3.12.1　适用范围

适用于梁柱连接节点、主次梁连接节点、次梁对接节点中高强度螺栓及临时螺栓的施工。

3.12.2　一般质量要求

（1）高强度螺栓连接副由制造厂按批号、规格配套后装箱，从出厂到安装前严禁开包。在运输过程中应轻装、轻卸，防止损坏。出现包装破损、螺栓有污染异常现象时，应及时用煤油清洗，并按高强度螺栓验收规程进行复验，扭矩系数或轴力复验合格后，方能使用。

（2）工地储存高强度螺栓时，应放在干燥、通风、防潮的仓库内，并不得损伤丝扣和沾染脏物。连接副入库应按包装箱上注明的规格、批号分类存放。安装时，按使用部位，领取相应规格、数量、批号的连接副，当天没有用完的螺栓，必须装回干燥、洁净的容器内，妥善保管，不得乱放、乱扔。

（3）使用前应进行外观检查，表面油膜正常、无污物的方可使用，使用过程中不得淋雨，不得接触泥土、油污等脏物，开包时应核对螺栓的直径、长度。

3.12.3　工艺流程

开始→清理连接面→安装临时螺栓→紧固螺栓冲孔→安装高强度螺栓→高强度螺栓初拧→高强度螺栓终拧→检查梅花头外漏→验收→紧固件冲孔（验收不合格）→结束（验收

合格）（图 3.12-1）。

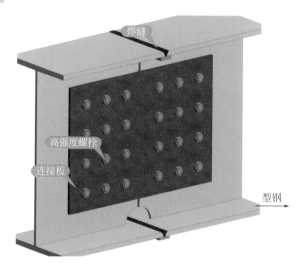

图 3.12-1　钢结构焊缝三维示意图

3.12.4　精品要点

1. 施工准备

高强度螺栓轴力试验（图 3.12-2）、安装扳手校验、连接面摩擦系数试验合格；准备好完好合格的施工机具，现场配置满足规范要求的材料；施工前对作业人员进行技术交底，确保施工按照相关要求进行（图 3.12-3）。

图 3.12-2　螺栓送检

图 3.12-3　施工技术交底

2. 螺栓孔检查——螺栓可自由穿入

检查被连接构件制孔，高强度螺栓的安装应能自由穿入孔，严禁强行穿入，如不能自由穿入时，该孔应用铰刀进行修整，修整后孔的最大直径应小于 1.2 倍螺栓直径。修孔时，为了防止铁屑落入板迭缝中，铰孔前应将四周螺栓全部拧紧，使板迭密贴后再进行，严禁气割扩孔。

高强度螺栓连接中连接钢板的孔径略大于螺栓直径，并必须采取钻孔成型方法。

3. 检查连接面——光洁，无杂质

检查连接面，钻孔后的钢板表面应平整，孔边无飞边和毛刺，连接板表面应无焊接溅物、油污。采用钢丝刷清除摩擦面上的浮锈、油污等。

4. 临时螺栓连接——个数不少于接头螺栓总数的1/3

构件吊装到位，采用临时螺栓固定。对每一个连接接头，应先用临时螺栓或冲钉定位，为防止损伤螺纹引起扭矩系数的变化，严禁把高强度螺栓作为临时螺栓使用，对一个接头来说，临时螺栓和冲钉的数量原则上应根据接头可能承担的荷载计算确定。连接处采用临时螺栓固定，其螺栓个数为接头螺栓总数的1/3以上；并且每个接头不少于两个，冲钉穿入数量不宜多于临时螺栓的30%。组装时先用冲钉对准孔位，在适当位置插入临时螺栓，用扳手拧紧。临时螺栓连接后，及时进行冲孔和检查缝隙，有缝隙的地方需要加垫板，然后进行临时螺栓的紧固（图3.12-4）。

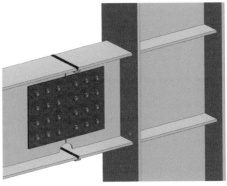

图 3.12-4 临时螺栓连接

5. 安装高强度螺栓——分初拧和终拧

确定可作业条件（天气、安全因素），拆除临时螺栓，安装高强度螺栓。高强度螺栓分两次拧紧，第一次初拧到标准预拉力的60%～80%，第二次终拧到标准预拉力的100%。

初拧：用高强度螺栓替换临时螺栓，初拧并做好标志。将螺栓穿入孔中（注意不要使杂物进入连接面），然后用手动扳手或风动扳手拧紧螺栓，使连接面接合紧密。

终拧（24h内完成）：按对称顺序，由中央向四周终拧高强度螺栓。由电动剪力扳手完成，其终拧强度由力矩控制设备来控制，确保达到要求的最小力矩。当达到预先设置的力矩后，其力矩控制开关就自动关闭，剪力扳手的力矩设置好后只能用于指定的地方（图3.12-5）。

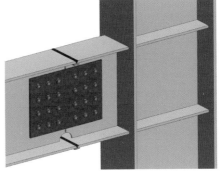

图 3.12-5 高强度螺栓安装

6. 检查复验——丝扣外露应为 2～3 扣

螺栓穿入方向以方便施工为准，每个节点应整齐一致，高强度螺栓在终拧以后，螺栓丝扣外露应为 2～3 扣，其中允许有 10% 的螺栓丝扣外露 1 扣或 4 扣。

用小锤（0.3kg）敲击法对高强度螺栓进行普查，以防漏拧。对每个节点螺栓数的 10%，但不少于一个进行扭矩检查。扭矩检查应在螺栓终拧后的 1h 以后、24h 之前完成（图 3.12-6）。

3.12.5 实例或示意图

见图 3.12-7～图 3.12-11。

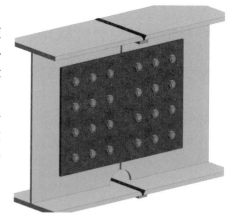

图 3.12-6 高强度螺栓安装完成

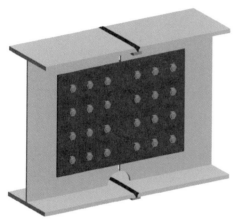
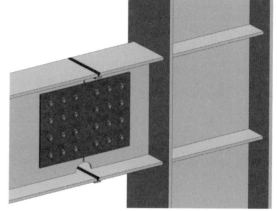

图 3.12-7 螺栓节点示意图

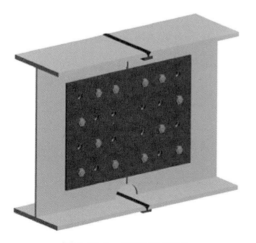

图 3.12-8 安装临时螺栓

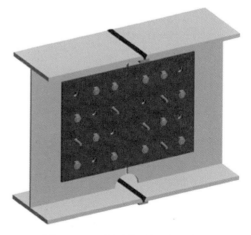

图 3.12-9 紧固临时螺栓、冲孔

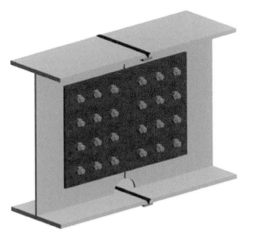

图 3.12-10 安装高强度螺栓并初拧

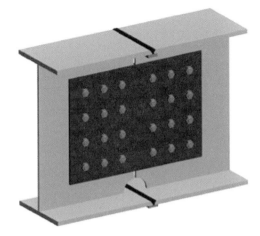

图 3.12-11 高强度螺栓终拧

3.13 钢结构防腐

3.13.1 适用范围

适用于建筑工程中同等防腐设计要求下的钢结构表面油漆防腐涂层施工。

3.13.2 质量要求

（1）涂装前钢材表面除锈等级应满足设计要求并符合规范、标准规定。处理后的钢材表面不应有焊渣、焊疤、灰尘、油污、水和毛刺等。设计无特殊要求时，除锈等级应满足表 3.13-1 要求。

除锈等级要求   表 3.13-1

涂料品种	除锈等级
油性酚醛、醇酸等底漆或防锈漆	St3
高氯化聚乙烯、氯化橡胶、氯磺化聚乙烯、环氧树脂、聚氨酯等底漆或防锈漆	Sa2½
无机富锌、有机硅、过氯乙烯等底漆	Sa2½

（2）当设计要求或施工单位首次采用某涂料和涂装工艺时，进行涂装工艺评定，评定结果应满足设计要求并符合现行国家标准的要求。

（3）涂料、涂装遍数、涂层厚度均应符合设计要求。当设计对涂层厚度无要求时，涂层干漆膜总厚度：室外不应小于 $150\mu m$，室内不应小于 $125\mu m$，其允许偏差为 $-25\mu m$。

（4）当钢结构处在有腐蚀介质环境或外露且设计有要求时，应进行涂层附着力测试，在检测处范围内，当涂层完整程度达到 70% 以上时，涂层附着力达到合格质量标准的要求。

（5）构件表面不应误涂、漏涂，涂层不应脱皮和返锈等。涂层应均匀，无明显皱皮、流坠、针眼和气泡等。

（6）涂装完成后，构件的标志、标记和编号应清晰、完整（图 3.13-1）。

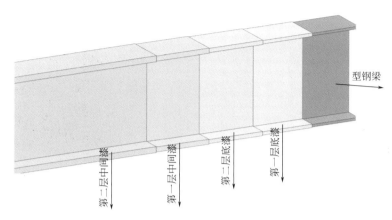

图 3.13-1　钢结构防腐三维示意图

3.13.3　工艺流程

开始→钢结构基层检查及处理→喷涂第一层底漆→喷涂第二层底漆→底漆验收→喷涂第一层中间漆→喷涂第二层中间漆→中间漆验收→结束。

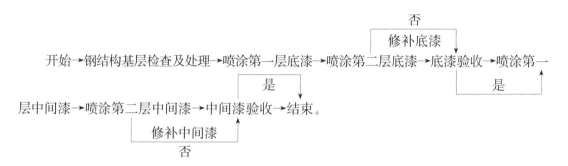

3.13.4　精品要点

1. 基层检查及处理

采用电动、风动工具等将构件表面的毛刺、氧化皮、铁锈、焊渣、焊疤、灰尘、油污及附着物彻底清除干净。

2. 喷涂底漆

涂装前底材或前道涂层的表面要清洁、干燥，环境温度宜在 5～38℃之间，相对湿度不应大于 85％，涂装时构件表面不应有结露，涂装后 4h 内应保护其免受雨淋；经处理的钢结构基层，应及时涂刷底漆，间隔时间不应超过 6h（图 3.13-2）。

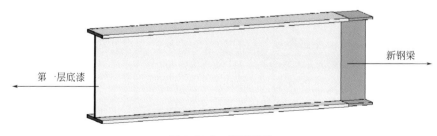

图 3.13-2　底漆喷涂

3. 喷涂中间漆

上一道漆涂装完毕后，在进行下道漆涂装之前，一定要确认是否已达到规定的涂装间隔时间，否则就不能进行涂装。如果在过了最长涂装间隔时间以后再进行涂装，则应该用细砂纸将前道漆打毛，并清除尘土、杂质以后再进行涂装（图 3.13-3）。

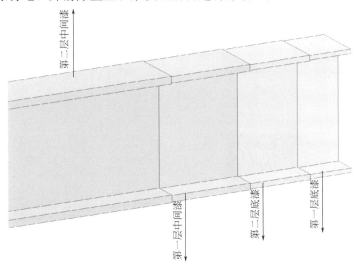

图 3.13-3　中间漆喷涂

4. 检验——漆膜厚度、喷涂质量

油漆喷涂完成后对漆膜厚度进行检测，漆膜厚度需符合设计要求，且负偏差不大于 $25\mu m$，正偏差满足油漆产品说明书要求；涂层应均匀，无明显皱皮、流挂、针眼和气泡。

5. 成品保护——包装及运输

涂层应完全干燥后包装，保护构件涂层不受损坏；构件包装应注意密实和紧凑，避免散落、变形（图 3.13-4）。成品运输应合理选用车辆，合理选定钢构件摆放支点、两端伸出的长度及绑扎方法，避免钢构件变形、涂层损伤（图 3.13-5）。

图 3.13-4　成品保护

图 3.13-5　成品运输

3.13.5　实例或示意图

见图 3.13-6～图 3.13-11。

图 3.13-6　涂前表面处理示意图

图 3.13-7　节点补漆

图 3.13-8　涂料、油漆膜厚检测

图 3.13-9　钢构件防锈漆喷涂

图 3.13-10　面漆涂刷

图 3.13-11　成品保护

3.14　钢结构防火

3.14.1　适用范围

适用于建筑工程中同类型防火设计要求下的钢结构防火涂层施工。

3.14.2　一般质量要求

（1）防火涂料涂装前钢材表面防腐涂装应符合设计要求和现行国家有关标准的规定。

（2）钢结构防火涂料的粘结强度、抗压强度应符合现行国家标准《钢结构防火涂料》

GB 14907 的规定。

（3）膨胀型（超薄型、薄涂型）防火涂料、厚涂型防火涂料的涂层厚度及隔热性能应满足现行国家标准有关耐火极限的要求，且不应小于-200μm。当采用厚涂型防火涂料涂装时，80%及以上涂层面积应满足现行国家标准有关耐火极限的要求，且最薄处厚度不应低于设计要求的85%。

（4）超薄型防火涂料涂层表面不应出现裂纹；薄涂型防火涂料涂层表面裂纹宽度不应大于0.5mm，厚涂型防火涂料涂层表面裂纹宽度不应大于1mm。

（5）防火涂料不应有误涂、漏涂，涂层应闭合，无脱层、空鼓、明显凹陷、粉化松散和浮浆、乳突等缺陷。

3.14.3　工艺流程

开始→钢结构基层检查→调制防火涂料→喷涂第一遍防火涂料→喷涂第二遍防火涂料→喷涂第 N 遍防火涂料→喷涂最后一遍防火涂料→修正边角、接口部位→防火涂料验收→结束（图 3.14-1）。

否　修补防火涂料

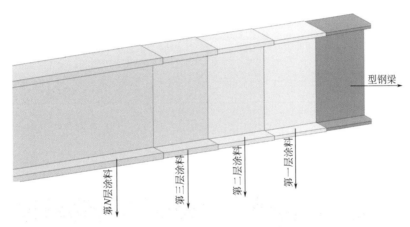

图 3.14-1　钢结构防火三维示意图

3.14.4　精品要点

（1）施工准备：

所有防火涂料的产品合格证、耐火极限检测报告和理化力学性能检测报告须齐全。

（2）基层检查及预处理：

施工前应用铲刀、钢丝刷等工具清除钢构件表面的返锈、浮浆、泥沙、灰尘和其他黏附物；钢构件表面不得有水渍、油污，否则必须用干净的毛巾擦拭干净（图 3.14-2）。

（3）防火涂料施工必须分遍成活，每一遍施工必须在上一道施工的防火涂料干燥后方可进行。

（4）检验——外观检查。

涂层完全闭合，不漏底、不漏涂；表面平整，无流淌、无下坠、无裂痕等现象；薄涂型防火涂料涂层表面裂纹宽度不应大于 0.5mm；厚涂型防火涂料涂层表面裂纹宽度不应

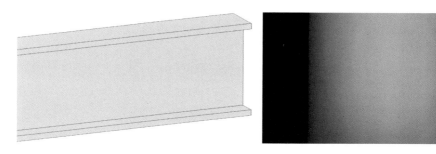

图 3.14-2 钢构件外观检测

大于 1mm。

（5）检验——涂层厚度。薄涂型防火涂料厚度应符合设计要求，厚涂型防火涂料 80%及以上涂层面积应满足现行国家标准有关耐火极限的要求，且最薄处厚度不应低于设计要求的 85%。

（6）项目涉及耐火要求，如表 3.14-1 所示。

钢结构构件的设计耐火极限   表 3.14-1

部位	耐火极限
柱、支撑	3.0h,厚涂型
梁	2.0h,薄涂型
楼梯	1.5h,薄涂型

3.14.5 实例或示意图

见图 3.14-3。

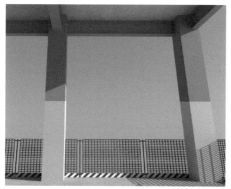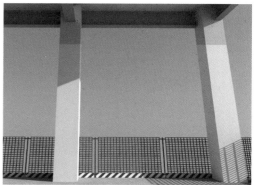

图 3.14-3 喷涂防火涂料

第4章

装配式结构

4.1 预制叠合板

4.1.1 适用范围

适用于装配整体式结构或其他结构形式的叠合板施工。

4.1.2 质量要求

（1）叠合板无影响结构性能及使用功能的外观质量缺陷和尺寸偏差。

（2）叠合板轴线位置、板底标高准确，相邻板底无高差。

（3）后浇混凝土表面平整、密实，强度满足设计要求。

4.1.3 工艺流程

开始→测量放线→叠合板底板支撑布置→底板支撑梁安装→底板位置标高调整检查→吊装预制叠合板底板→调整支撑高度校核板底标高→底板验收→现浇板带墙板结合部位模板安装→管线敷设→现浇叠合板钢筋绑扎→地锚安装→验收→浇筑叠合板混凝土→结束。

4.1.4 精品要点

1. 测量放线

根据支撑平面布置图，在楼面画出支撑点位置；根据顶板平面布置图，在墙顶端弹出叠合板边缘位置垂直线，确保叠合板平面位置正确（图4.1-1）。

2. 独立支撑安装——确保板底标高

按照放线位置安装独立支撑，调节支撑使铝合金梁上口标高至叠合板板底标高，确保板底标高准确（图4.1-2）。

3. 叠合板吊装——采用专用吊具，确保叠合板吊装受力均匀

叠合板吊装采用专用吊具，严格按设计吊点位置吊装，防止叠合板吊装过程中受力不均，导致叠合板出现裂纹甚至断裂现象（图4.1-3）。

4. 墙板与叠合板衔接处模板安装——接缝混凝土阴角顺直、封堵严密

叠合板与周边墙体接缝采用圈边龙骨做模板，利用预制墙体预留孔，将圈边龙骨固定

171

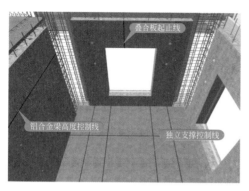

图 4.1-1　放线示意图

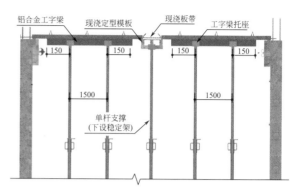

图 4.1-2　支撑体系节点示意图

在墙体上口，高出墙顶标高 10mm，用螺栓将圈边龙骨固定，3 型扣件紧固，确保接缝混凝土阴角顺直、封堵严密（图 4.1-4）。

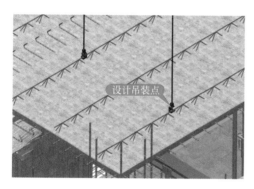

图 4.1-3　设计吊装点

图 4.1-4　墙圈边龙骨

5. 叠合板现浇板带模板安装——叠合板之间的板缝采用独立支撑，确保接缝平整、不漏浆（图 4.1-5、图 4.1-6）

图 4.1-5　板缝支撑示意图

图 4.1-6　叠合板拼缝支模

6. 管线敷设——优化排布，避免管线集中，预留预埋位置精准

敷设管线前，合理优化管线，避免多根管线集中预埋，线管全部从桁架筋下穿过，避免线管踩踏，防止现浇层开裂（图4.1-7）。

根据精装图纸和构件生产图纸，精确预留与预制墙体内预埋管线连接的上翻管线的尺寸和位置，并且垂直向上，保证上翻管线在对应操作孔内（图4.1-8）。

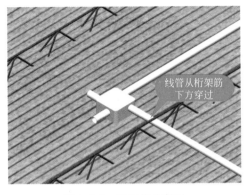

图 4.1-7　管线优化敷设

图 4.1-8　上翻管线预留

7. 叠合层混凝土浇筑——确保叠合层与叠合板形成整体，表面平整，标高精准

混凝土浇筑前，应将模板内及叠合面垃圾清理干净，剔除叠合面松动的石子、浮浆；对有油污的部位，将表面凿去一层（深度约5mm），用有压力的水管冲洗湿润，确保叠合层与叠合板结合牢固（图4.1-9）。

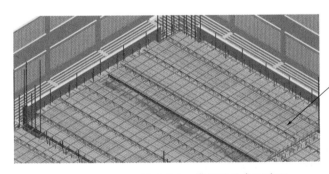

图 4.1-9　模板及叠合面清理

混凝土浇筑前布置标高控制点并挂通线，严格控制楼面标高和平整度。

混凝土浇筑时从叠合板中间位置向两侧现浇板带浇筑，保证混凝土现浇板带底部平整度。

混凝土浇筑后及时覆盖，浇水养护。

8. 临时支撑拆除——控制拆除时间，防止楼板产生裂缝

临时支撑应在后浇筑的混凝土强度达到设计要求后方可拆除，防止支撑拆除过早造成楼板产生裂缝。

4.1.5　实例或示意图

例如，某装配整体式剪力墙结构，楼板整体厚度为130mm，预制底板厚60mm。预制底板上表面为粗糙面，拉毛深度不小于 4mm。

（1）测量放线，如图 4.1-10 所示。

（2）独立支撑安装，如图 4.1-11 所示。

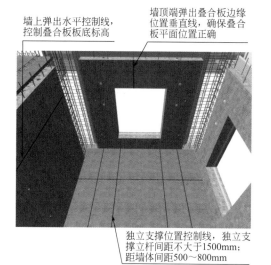

图 4.1-10　测量放线

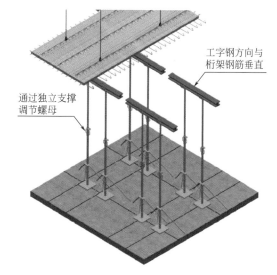

图 4.1-11　独立支撑安装

（3）叠合板吊装，如图 4.1-12 所示。

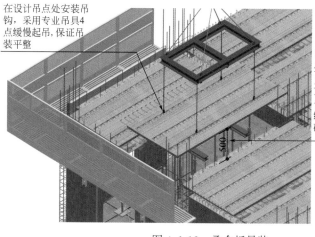

图 4.1-12　叠合板吊装

（4）墙板结合部位模板安装：叠合板与周边墙体接缝采用圈边龙骨做模板，利用预制墙体预留孔，将圈边龙骨固定在墙体上口，高出墙顶标高 10mm，用螺栓将圈边龙骨固定，3 型扣件紧固，确保接缝混凝土阴角顺直、封堵严密（图 4.1-13～图 4.1-15）。

（5）叠合板现浇板带模板安装，间距不大于 1200mm（图 4.1-16）。

（6）管线敷设（图 4.1-17），水电管线预埋安装，现浇叠合层钢筋绑扎，混凝土浇筑。

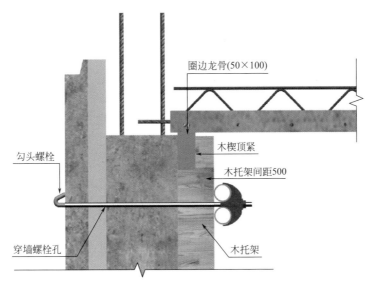

图 4.1-13　外墙圈边龙骨

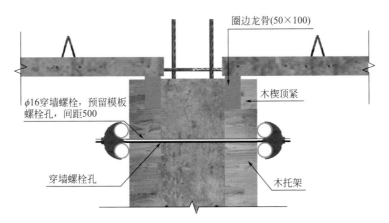

图 4.1-14　内墙圈边龙骨

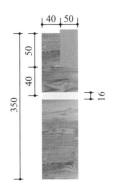

图 4.1-15　木托架做法

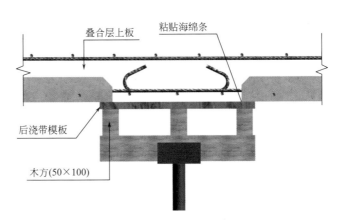

图 4.1-16　后浇带模板支撑做法

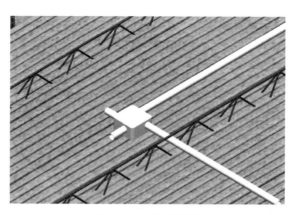

图 4.1-17　管线敷设

4.2　竖向构件钢筋预埋

4.2.1　适用范围

适用于 SPCS 体系竖向构件钢筋预埋施工。

4.2.2　质量要求

（1）预埋钢筋位置、型号、尺寸满足图纸设计要求。

（2）预埋钢筋外观质量、力学性能满足规范要求。

（3）预埋钢筋充分固定，不会轻易发生钢筋移位。

4.2.3　工艺流程

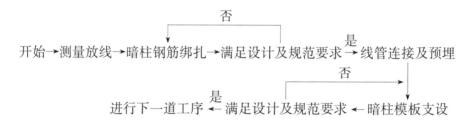

4.2.4　精品要点——现浇结构转换层预埋

1. 预制柱（SPCS 预制柱）转换层钢筋预埋

（1）测量放线：在模板上弹好预制柱尺寸定位线（图 4.2-1）。

（2）将定位箍筋绑扎于预制柱箍筋上，将定位工装安装至准确位置，并与模板固定，定位工装应高出本层结构完成面 5cm，安装完毕后用手试着推动，不应有位移（图 4.2-2～图 4.2-4）。

（3）确认定位工装牢靠后，将插筋放入工装预留好的孔洞内，插筋与定位箍筋绑扎固定，插筋伸出长度与锚固长度应符合设计要求（图 4.2-5）。

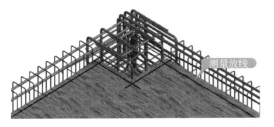

图 4.2-1 预制柱（SPCS 预制柱）转换层钢筋
预埋放线示意图

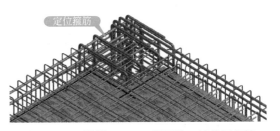

图 4.2-2 预制柱（SPCS 预制柱）转换层钢筋
预埋定位箍筋节点示意图（1）

图 4.2-3 预制柱（SPCS 预制柱）转换层钢筋
预埋定位箍筋节点示意图（2）

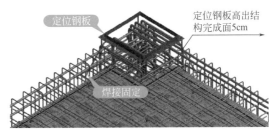

图 4.2-4 预制柱（SPCS 预制柱）转换层钢筋
预埋定位箍筋节点示意图（3）

2. 预制墙转换层钢筋预埋

1）测量放线

现浇层墙、梁钢筋绑扎完成后，在模板上，进行墙体定位控制线放线，将控制线弹设在模板上，控制线应醒目（白色墨汁）且不易擦除，为安装定位箍、定位钢板提供依据（图 4.2-6）。

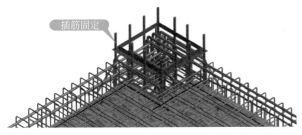

图 4.2-5 预制柱（SPCS 预制柱）转换层
钢筋预埋插筋安装节点示意图

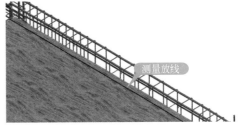

图 4.2-6 预制墙转换层钢筋
预埋放线示意图

2）安装定位箍筋、定位钢板

放线工作完成后，进行现浇楼板钢筋绑扎，钢筋绑扎过程中加强对已放出控制线的保护，避免踩踏或清除控制线。楼板底筋绑扎完成后，根据已放出的墙体控制线安装定位箍筋，定位箍筋与楼板底筋绑扎，并与墙水平梯子筋通过连接钢筋点焊固定（图 4.2-7、图 4.2-8）。

楼板面筋绑扎完成后，根据已放出的墙体控制线安装型钢定位钢板，定位钢板钢筋开孔与定位箍的卡筋中间空隙对齐。型钢定位钢板安装标高以钢板底面比混凝土浇筑面高

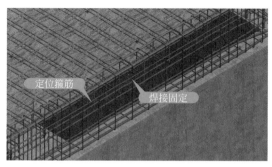

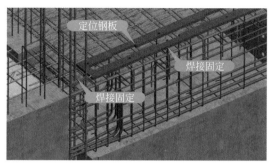

图 4.2-7　预制墙转换层钢筋预埋
定位箍筋节点示意图（1）

图 4.2-8　预制墙转换层钢筋预埋
定位箍筋节点示意图（2）

5cm 为宜，定位钢板使用连接钢筋与墙板水平梯子筋焊接固定。

　　3）插放竖向预留钢筋

　　通过定位钢板钢筋开孔位置插入预留钢筋，后插钢筋插入现浇墙体的长度按照设计锚固长度确定，后插钢筋与定位箍筋进行绑扎连接，并点焊固定。

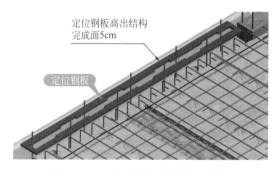

图 4.2-9　定位钢板安装节点示意图

3. 装配式预制层钢筋预埋

　　（1）当下层为预制层时，叠合板吊装完毕后，将下层预制构件预留的锚筋除锈、去污并掰直，在楼板上放出本层预制构件定位线。

　　（2）将墙柱钢筋定位工装安装至准确位置，定位工装预留孔洞直径不应大于对应钢筋直径 5mm，并应高出本层结构完成面 5cm，定位工装通过短钢筋与叠合板桁架筋焊接牢固，安装完毕后用手试着推动，不应有位移（图 4.2-9）。

4. SPCS 预制墙钢筋预埋

　　插筋定位不需要使用定位模具，仅需在模板、叠合板或钢筋等上，标识出环状插筋分档线即可（图 4.2-10、图 4.2-11）。

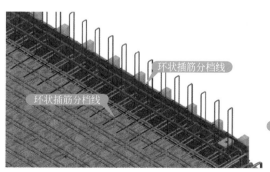

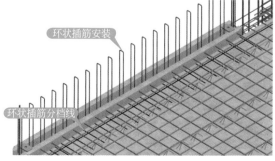

图 4.2-10　环状插筋节点示意图（现浇）

图 4.2-11　环状插筋节点示意图（预制）

5. 预埋地锚

（1）地锚按照设计要求制作，在楼面钢筋绑扎完成后进行安装。地锚环钢筋采用绑扎、点焊结合方式与就近钢筋或桁架钢筋进行固定。

（2）根据图纸复核预埋钢筋、地锚位置（图 4.2-12）。

4.2.5 实例或示意图

见图 4.2-13～图 4.2-16。

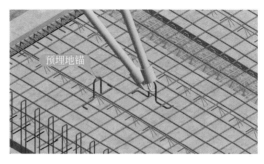

图 4.2-12 预埋地锚节点示意图

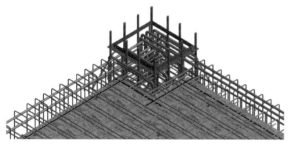

图 4.2-13 预制柱（SPCS 预制柱）转换层钢筋预埋

图 4.2-14 预制墙转换层钢筋预埋

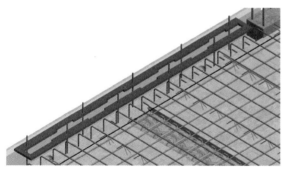

图 4.2-15 现浇结构转换层预埋

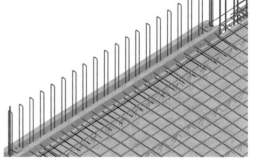

图 4.2-16 SPCS 预制墙钢筋预埋

4.3 预制墙板

4.3.1 适用范围

适用于 SPCS 体系预制墙板吊装施工。

4.3.2 质量要求

（1）预制墙板无影响结构性能及使用功能的外观质量缺陷和尺寸偏差。

（2）预制墙板轴线位置、墙顶标高、墙身垂直度满足要求。

（3）后灌浆或后浇筑的空腔混凝土密实、无空隙。

4.3.3 工艺流程

构件进场→吊装准备→预制墙板吊装→预制墙板定位及固定→测量复核→满足设计规范要求

4.3.4 精品要点

1. 吊装准备

吊装前，先进行测量放线，用定位模具复核预留插筋，并对偏位钢筋进行校正；抄测标高，通过预埋的标高调剂螺栓，控制墙板安装高度；采用灌浆料进行灌浆分区，合理划分连通灌浆区域，连通灌浆区域内，任意两个灌浆套筒间距不超过 1.5m（图 4.3-1）。

三一筑工 SPCS 体系：吊装前，先进行测量放线，根据墙板边线复核预留插筋位置偏位即可，并对偏位钢筋进行校正；抄测标高，搁置垫片（图 4.3-2）。

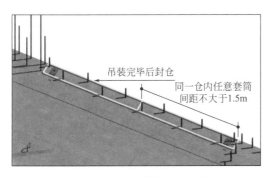

图 4.3-1　预制墙板底部分仓

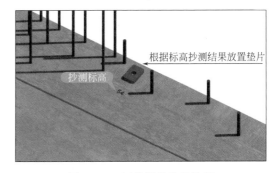

图 4.3-2　标高调整垫片放置

2. SPCS 体系预制墙板吊装

预制墙板吊装宜采用专用模数化吊梁，按施工工艺编号进行吊装，先吊装外墙，再吊装内墙。用卸扣将钢丝绳与墙板上端的预埋吊环连接。起重设备的主钩位置、吊具及构件中心在竖直方向上宜重合，吊索水平夹角不宜小于 60°，不应小于 45°。墙板底边升高至500mm 左右时略作停顿，再次检查吊具、吊点，若有问题需立即处理（图 4.3-3）。

确认无误后，继续提升使之靠近安装作业面。当墙板吊装至距作业面上方 1m 左右的地方时，开始减速降落，操作人员手扶墙体引导下降，并检查墙板的安装方向（图 4.3-4）。

3. 三一筑工 SPCS 体系

吊装前，先进行测量放线，根据墙板边线复核预留插筋位置偏位即可，并对偏位钢筋进行校正；抄测标高，搁置垫片（图 4.3-5）。与传统 PC 吊装类似。由于 SPCS 体系采用空腔＋搭接＋现浇的工艺，墙板下落速度快，不需要使用观察镜等工具（图 4.3-6）。

4. 预制墙板定位措施——斜支撑安装、调整

墙板应设置不少于 2 道可调节长度的斜支撑，斜支撑两端应分别与墙体和楼板固定，长斜支撑距板底的距离不宜小于构件高度的 2/3，短斜支撑距离板底的距离宜为构件高度的1/5。斜支撑底部固定采用预埋地锚环形式（图 4.3-7）。

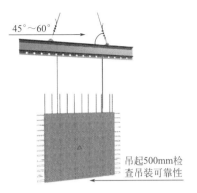

图 4.3-3 检查吊具、吊点

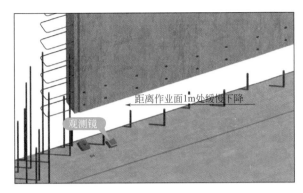

图 4.3-4 预制墙板底部分仓

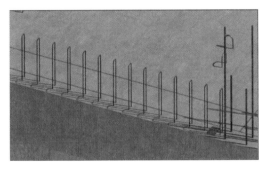

图 4.3-5 SPCS 体系放置垫片

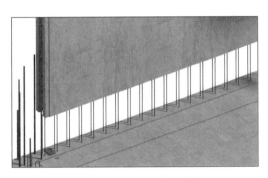

图 4.3-6 SPCS 墙板吊装

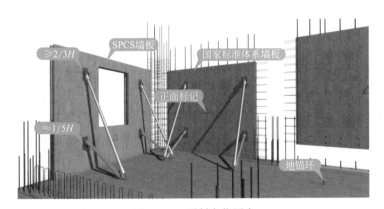

图 4.3-7 预制定位固定

注：H 为构件高度。

4.4 现浇暗柱

4.4.1 适用范围

适用于装配整体式结构剪力墙后浇暗柱部分的施工。

4.4.2 质量要求

（1）暗柱钢筋规格、型号、数量满足图纸设计要求。

（2）暗柱截面尺寸满足图纸设计要求。

（3）暗柱模板与预制墙体安装牢靠，不会出现大面积漏浆的情况。

4.4.3 工艺流程

开始→测量、放线→安装定位模板→放置预埋钢筋、地锚→预埋钢筋位置校准→预留预埋验收→进行下一道工序。

图 4.4-1 预制墙体定位边线及 200mm 控制线布设

4.4.4 精品要点

1. 测量放线

墙身标高控制：在作业层剪力墙现浇部分竖向钢筋上引出楼层 500mm 标高控制点，作为墙板标高控制线。

墙身定位控制：预制构件控制线由主轴线引出，每一块预制构件上弹出预制墙身定位边线及 200mm 控制线（图 4.4-1）。

2. 暗柱钢筋绑扎及验收

墙板间钢筋绑扎顺序为，先放置箍筋，然后再从上面安装墙体竖筋（这样施工便于操作）。节点绑扎要求绑扎牢固，严禁丢扣、落扣。钢筋现场加工制作安装，直径 16mm 以上（含16mm）采用等强机械连接技术；直径小于 16mm 的采用绑扎搭接连接（图 4.4-2、图 4.4-3）。

图 4.4-2 暗柱钢筋绑扎及验收

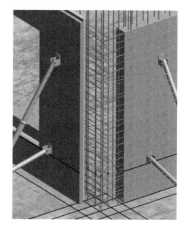

图 4.4-3 转角处钢筋绑扎

3. 后浇段暗柱模板安装及验收

暗柱模板可采用木模板或定型工具式模板进行安装。安装前，模板与构件边缘的贴合部位应粘贴海绵条，防止漏浆。模板通过墙板上预留的对拉螺栓孔进行固定（图 4.4-4、图 4.4-5）。

图 4.4-4　铝模板应用

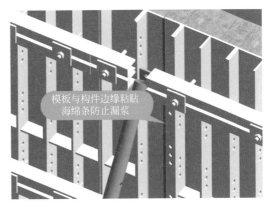

图 4.4-5　铝模板构件拼缝处理

4.4.5　实例或示意图

见图 4.4-6～图 4.4-9。

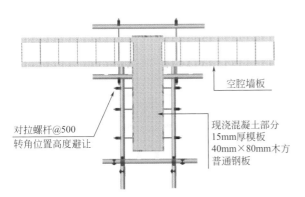

图 4.4-6　T 形柱支模

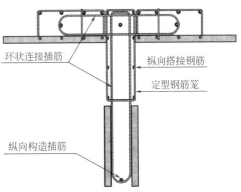

图 4.4-7　T 字形暗柱钢筋配筋

图 4.4-8　T 形暗柱钢筋配筋三维图

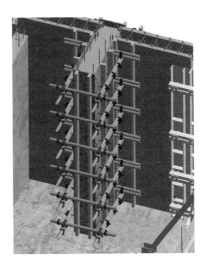

图 4.4-9　T 形柱支模三维图

4.5 装配式预制墙体常温灌浆

4.5.1 适用范围

适用于装配式建筑墙体钢筋套筒连接常温灌浆施工。

4.5.2 质量要求

套筒及连通腔内部灌浆饱满，节点连接安全、可靠。

4.5.3 工艺流程

开始→灌浆孔清理→分仓与接缝封堵→灌浆料制备→流动度检测→灌浆施工→出浆确认、封堵→饱满度检查→场地清洁→结束。

4.5.4 精品要点

1. 进场检验——确保原材料质量

灌浆料进场时，厂家必须提供合格证、使用说明书和产品质量检测报告，对灌浆料拌合物 30min 流动度、泌水率及 3d 抗压强度、28d 抗压强度、3h 竖向膨胀率、24h 与 3h 竖向膨胀率差值进行检验，检验结果符合现行行业标准《钢筋连接用套筒灌浆料》JG/T 408 的规定。

2. 施工前准备——编制方案，人员培训

套筒灌浆连接施工前编制专项施工方案，灌浆作业人员经专业培训合格后方可上岗（图 4.5-1）。

3. 定位放线

施工前需将楼地面表面残存的灰渣、灰土清理干净，根据图纸和测量结果弹出轴线、墙体边界线（图 4.5-2）。

对灌浆施工人员进行灌浆操作培训，经考试合格后方可上岗，并进行岗前模拟施工

图 4.5-1 岗前模拟施工

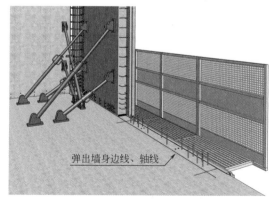

弹出墙身边线、轴线

图 4.5-2 定位放线示意图

4. 分仓——保证灌浆质量

预制墙体就位前按照 1000～1500mm 长度使用灌浆料进行分仓，分仓隔墙宽度应不小于 20mm，有套筒群部位整个套筒群作为一个独立灌浆仓，以保证灌浆质量（图 4.5-3）。

5. 坐浆封堵——封仓密实，不漏浆

【方法一】

（1）灌浆前，逐个检查各接头的灌浆孔和出浆孔内有无影响浆料流动的杂物，进行透光检查，并清理灌浆套筒内的杂物，确保孔道畅通。预制墙体校正完成后，使用吹风机清理接缝，并用水将封堵部位润湿（图 4.5-4）。

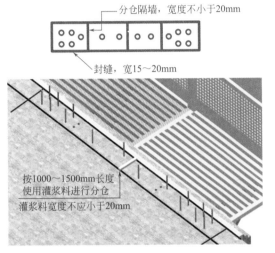

| 图 4.5-3　分仓示意图 | 图 4.5-4　缝隙清理 |

（2）外墙体就位前在墙体两端外侧及外立面外侧粘贴与设计保温厚度相同宽度的橡塑条，厚度 30mm（图 4.5-5）。

（3）安装内侧封仓工装，将塑性封仓材料放置在墙板外缘，在水平螺杆穿过墙板预留的螺孔后拧紧，调整工装可伸缩斜杆的长度，使工装下端紧压封仓材料，达到仓缝闭合效果（图 4.5-6～图 4.5-8）。

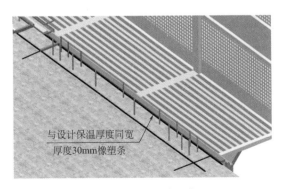

| 图 4.5-5　粘贴橡塑条 | 图 4.5-6　堵浆工装内侧安装 |

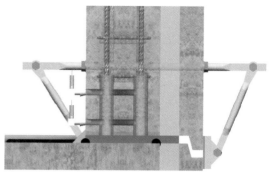

图 4.5-7　堵浆工装外侧安装　　　　图 4.5-8　堵浆工装正视图

【方法二】

外墙内侧及内墙两侧填塞 $\phi30$ 的泡沫棒，封堵预制墙体下侧的缝隙，用坐浆料将墙体缝隙填塞密实，外侧抹出"八字"（图 4.5-9）。

6. 灌浆料搅拌——称量精确，搅拌均匀，禁止二次加水

（1）严格按照灌浆料使用说明书的要求称取拌合用水和灌浆料，用计量水杯和电子秤称量，以保证拌合用水和灌浆料精确无误。

（2）灌浆料搅拌充分、均匀后，静置约 2～3min，使浆体内气泡自然排出，搅拌完成后禁止再次加水（图 4.5-10）。

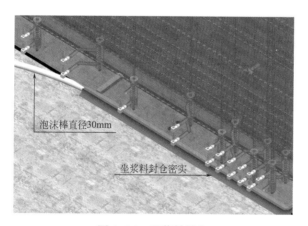

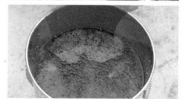

图 4.5-9　坐浆料封仓　　　　　　　图 4.5-10　灌浆料搅拌

7. 流动度检查——满足流动度要求

每工作班检查灌浆料拌合物初始流动度不少于一次，初始流动度不小于 300mm，30min 流动度不小于 260mm（图 4.5-11）。将搅拌好的灌浆料倒入截锥圆模内，直至浆体与截锥圆模上口平，徐徐提升截锥圆模，让浆体在无扰动的情况下自由流动至停止。

8. 灌浆料试块制作

每工作班应制作 1 组每层不应少于 3 组 40mm×40mm×160mm 的长方体试件，标准养护 28d 后进行抗压强度试验（图 4.5-12）。

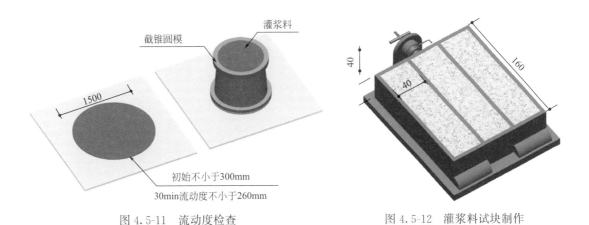

图 4.5-11 流动度检查　　　　图 4.5-12 灌浆料试块制作

9. 拉拔试件制作

在现场模拟构件连接接头的灌浆方式，每种规格的钢筋应制作不少于 3 个套筒灌浆连接接头，进行灌注质量以及接头抗拉强度的检验。

10. 灌浆施工——连续灌浆，持压封堵

同一仓只在一个灌浆孔灌浆，同一仓连续灌浆，不得中途停顿，使用带有量程和活塞装置的堵浆塞，持续灌浆时，待所有堵浆塞量筒内充满浆料时，方可停止灌浆，可确保灌浆饱满（图 4.5-13）。

11. 留存影像——全过程追溯

灌浆质量的好坏和密实程度取决于灌浆料的拌制质量和专用灌浆泵的压力控制，灌浆施工过程中项目质检员全程旁站控制灌浆施工质量，形成质量检查记录，留影像资料，保证全过程可追溯（图 4.5-14）。

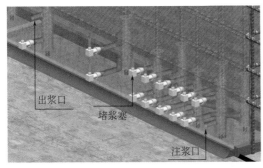
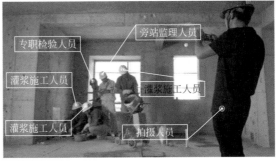

图 4.5-13 灌浆施工　　　　图 4.5-14 留存影像

12. 后续施工

灌浆后灌浆料同条件养护试件抗压强度达到 35MPa 后方可进行对预制墙板有扰动的后续施工。

187

4.6 预制楼梯

4.6.1 适用范围

适用于装配式建筑预制楼梯安装施工。

4.6.2 质量要求

（1）销键钢筋预埋位置准确，楼梯段板安装平面位置、标高正确。

（2）楼梯段与现浇平台连接部位的螺栓孔灌浆料灌浆饱满，滑动节点做法正确，上部固定铰可靠，下部滑动铰有效；砂浆封堵及打胶密实、平整、光滑。

（3）成品保护措施到位，预制楼梯表面无污染和损伤缺陷。

4.6.3 工艺流程

开始→预制楼梯位置放线→放置垫片，铺设砂浆找平层→预制楼梯吊装→楼梯板矫正

否

是

结束←地锚安装←砂浆封堵打胶←楼梯支座灌浆固定←验收←

4.6.4 精品要点

1. 楼梯位置放线

弹控制线控制安装位置及标高，楼梯侧面距结构墙体预留 20mm 空隙（图 4.6-1）。

2. 找平层施工——铺设垫片，标高精准

在梯段上下口梯梁处进行梯段标高抄平，通过不同厚度的钢垫片组合进行标高调整，铺 20mm 厚 M10 水泥砂浆找平层，找平层标高要控制准确（图 4.6-2）。

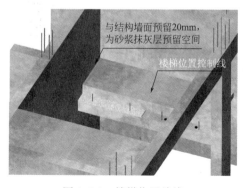

图 4.6-1 楼梯位置放线

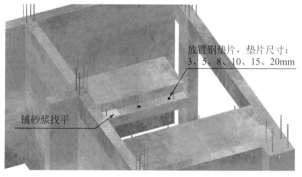

图 4.6-2 找平层施工

3. 楼梯吊装——水平吊装，垂直下放，精准定位

预制楼梯梯段采用水平吊装，调整踏步平面呈水平状态，便于就位。就位时楼梯板要

从上垂直向下安装，将楼梯板的边线与梯梁上的安放位置线对准，放下时要停稳慢放。

（1）当距楼梯安装面 1000mm 时，停止降落，由专业操作工人稳住楼梯，根据水平控制线缓慢放下楼梯，对准预留钢筋孔，安装至设计位置（图 4.6-3）。

（2）踏步处于水平状态吊装，楼梯垂直向下就位（图 4.6-4）。

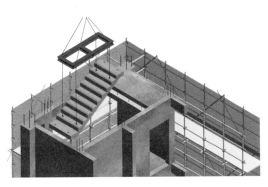

图 4.6-3　楼梯吊装一

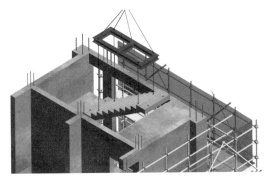

图 4.6-4　楼梯吊装二

4. 梯段矫正——楼梯微调，位置准确

楼梯就位后用撬棍微调楼梯板，直到位置正确，搁置平实后再脱钩（图 4.6-5）。

5. 楼梯固定端连接

楼梯段校正完毕后，预制楼梯段上端做法：与现浇结构连接部位的螺栓孔采用 C40 级 CGM 灌浆料进行灌浆，然后用砂浆封堵密实、平整、光滑；预制楼梯与现浇结构连接部位的竖缝先填塞聚苯板，再放置 PE 棒，最后打胶（图 4.6-6）。

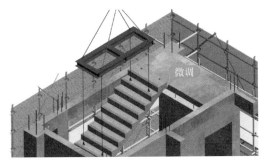

图 4.6-5　楼梯微调

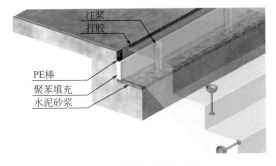

图 4.6-6　楼梯固定端连接一

预制楼梯段下端做法：与现浇结构连接部位的螺栓采用加垫片固定，然后用砂浆封堵密实、平整、光滑；预制楼梯与现浇结构连接部位的竖缝先填塞聚苯板，再放置 PE 棒，最后打胶（图 4.6-7）。

6. 成品保护

在预制楼梯踏步面上用多层板作踏步保护板，以保证楼梯踏步阳角不缺棱掉角（图 4.6-8）。

4.6.5　节点示意图

见图 4.6-9、图 4.6-10。

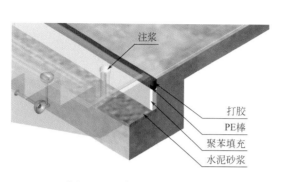

图 4.6-7　楼梯固定端连接二

图 4.6-8　楼梯保护板

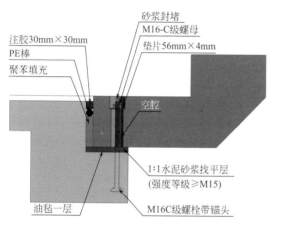

图 4.6-9　楼梯下端（滑动铰）安装节点

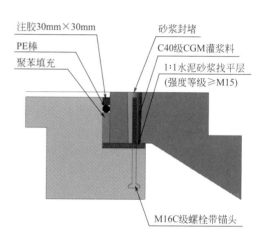

图 4.6-10　楼梯上端（固定铰）安装节点

4.6.6　设计优化——颜色一致

预制楼梯上端和下端踏步预留 20mm 凹槽，并做粗糙面，使用与休息平台相同的材料抹灰层，确保踏步颜色与休息平台一致（图 4.6-11、图 4.6-12）。

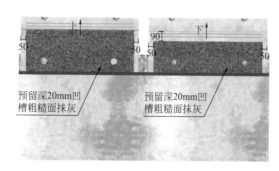

图 4.6-11　预制楼梯踏步颜色设计优化一

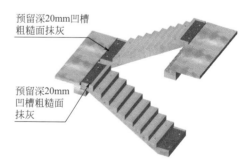

图 4.6-12　预制楼梯踏步颜色设计优化二